PRODUCE 101 JAPAN SEASON 2
FAN BOOK PLUS

PRODUCE
101
JAPAN
SEASON 2

SoftBank

JN073674

「**Let Me Fly ～その未来へ**」
作詞 Kanata Nakamura（中村 彼方）、Gloryface（Full8loom）
作曲 Gloryface、Jinli、yuka、HARRY（Full8loom）
編曲 yuka、HARRY（Full8loom）

Time's up up

Bright 眩しい夜明け
羽根 舞い落ちてきた
青空を目指す 僕の
肩にふわり Flying

Time's up up
溢れそうなアツイ気持ちが Yeah
目覚めていく Wake me, Wake me, Wake me up
今 羽根よ翼に変われ Yeah

さあ 世界へ Take me, Take me, Take me up

Time's up まだ見ぬ景色に
T-Time's up たどり着けるよと
これは君からの Message
駆け上がり 一気に飛び立つよ

Let me fly
そのミライへ
Let me fly
そのミライへ

Time's up up
だ・か・ら Pick me up
Let me fly (Let me fly)
そのミライへ
僕を Pick me up
Let me fly (Let me fly)
Let me fly high high oh
ツ・ヨ・ク Pick me up

君とならば
Time's up up

飛び越えられる
だ・か・ら Pick me up
高く 高く
Time's up up

Let me fly
僕を Pick me up

All right 怖くないよ
ずっと待ってた
瞬間だからさ
いつもそうだった
昨日と違う明日
一歩から始まる

Time's up 僕に託してよ
T-Time's up 夢を重ねよう
君がくれたこの翼
向かい風すら乗りこなして

Let me fly
そのミライへ

Let me fly
そのミライへ

Time's up up
だ・か・ら Pick me up
Let me fly (Let me fly)
そのミライへ
僕を Pick me up
Let me fly (Let me fly)
Let me fly high high oh
ツ・ヨ・ク Pick me up

君とならば
Time's up up
飛び越えられる
だ・か・ら Pick me up
高く高く

Time's up up
Let me fly

Let me fly
Let me fly (Let me fly)
そのミライへ
だ・か・ら Pick me up
Let me fly (Let me fly)
Let me fly 羽根よ 翼に変われ

溢れそうなアツイ気持ちが Yeah
目覚めていく Wake me, Wake me, Wake me up
今 羽根よ翼に変われ Yeah
さあ 君が Pick me, Pick me, Pick me up!!

Original Publisher：FUJIPACIFIC MUSIC KOREA INC for Gloryface(Full8loom)(KOMCA), HARRY(Full8loom)(KOMCA) / Sony Music Publishing Korea for Jinli(Full8loom)(KOMCA) / CJ ENM for yuka(Full8loom)(KOMCA),
PRODUCE 101 / Yoshimoto Music Publishing (JASRAC) for Kanata Nakamura
Sub-Publisher：FUJIPACIFIC MUSIC KOREA INC for Gloryface(Full8loom), HARRY(Full8loom) / Sony Music Publishing (Japan) Inc. for Jinli(Full8loom) / Victor Music Arts, Inc. for yuka(Full8loom), PRODUCE 101

The Final Day

ついに迎えた最終回当日。スペシャルステージに向けて、収録直前まで細かいチェックをしていた練習生たち。彼らのパフォーマンスにかける情熱が伝わってきた。そして、緊張と不安の中、ファイナルの幕が開けた。

バラードナンバー『One Day』は、韓国の『PRODUCE 101』に出演し、見事デビューを果たした AB6IX のイ・デフィが制作。元練習生だからこそ共感できる歌詞、心が温かくなるようなメロディーは何度も聴きたくなる名曲だ。

デビューを見届けるため激励にきた元練習生たち。懐かしい顔を見つけて、21人も嬉しそうに手を振っていた。久々の再会を喜び合い、お互いに近況を報告する姿が微笑ましかった。

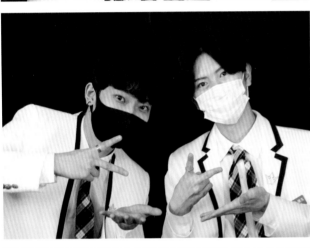

本番終了後、集まって別れを惜しむ練習生たちの姿があった。合宿、収録、共に過ごした仲間たちとの時間……これまでを振り返り涙が止まらなくなる場面も。固い絆で結ばれ、友となった彼らには、なによりも別れが辛いようだった。

いつかまた会える日まで、最後は笑顔で。『PRODUCE 101 JAPAN SEASON2』に参加した全員に、素晴らしい未来が待っていますように。

POLAROID WITH MESSAGE

Goose Day

みんな仲良し

鳥肌

いつも応援
ありがとうございます♥

ヤガラーズ
降臨

一生骨ゞゝゝ

🙂フエン林😆

LOVE & ピース

チョコ巷ゞなよ!!

寺原

見切れた笑

一緒に歯みがき しよ〜

光陽 カアパ

≋ Pick us ≋

≋海チム≋

Another day ♥

仲良し♡ 甲花

アユユ

(23) Vs (18)

れんたじ

ぽんぽこ！とてもかわいい
OKEY!

♥ れんたく ♥

♥ おたじ ♥

だいこ 사랑해!! 대리
プリン 大好き!!
しょうごくんも 大好き!!

雄千代
~yuetai~♥

♡ 슈 x 토마 ♡

しゃーくりーむ ♪

匠斗です！！ 絶対
デビューしてみせます

イェーイ

いつも
応じゃ！
ネタに
ありがとう
ございます！
分かった タ です.
マハロ

陰 -IN-

ひろむ。　まさき。　こうき。

夢
ありがとう!!
Ken

応援してくれて
本当にありがとう。大好き!

なーちゃん。けん。

Loveです。

いつもありがとう!
大好きです!

愛・Love・チョア

アヱム

Love you guys!

だいすきです！これからも いーな 信じて♡ わたる

ジュた みんじ

アントニーしゅんじLove by たじ
しゅんじトニー 結成！

みんなへ Love "愛" を！

ジュた

& Anthonny

アユム しん

だいすき♡
...

赤ワインに似合う
男たち

イケメンブラザーズ♡(仮)

前髪ないの違和感やー

2人でデビュー！

ドス鯉

しゅう君

ポジションバトル合宿

自分の得意なジャンルで勝負ができるポジションバトル。これまで発揮できなかった実力をステージで披露することはできるのか。自ら曲を選択し、練習生たちは次なるステップへと進んでいく。

2位 田島将吾　東京　TAJIMA SHOGO

DANCE
輝い落ちる花びら
SEVENTEEN
（5）
26位 小池俊司　埼玉　KOIKE SYUNJI

VOCAL
Pretender
Official髭男dism
（4）

自分の魅力を研究して、自分が一番輝いてるパフォーマンスをするべきだなって思います。びっくりしてもらえるようなパフォーマンスをしたいです。【松田 迅】

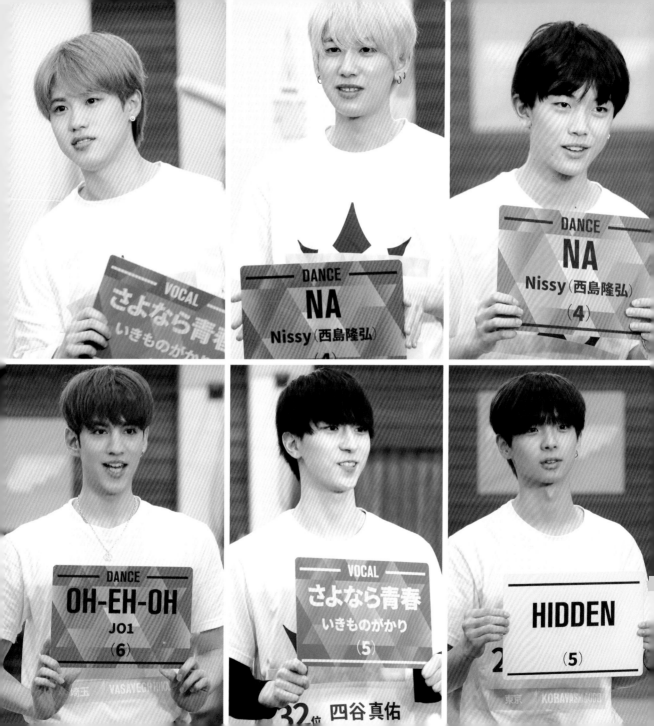

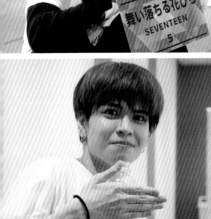

ポジションバトル収録

不安や焦りを抱え、壁にぶつかりながらもチームで支え合い、
素晴らしい競演を果たした練習生たち。本番では、感動のレジェ
ンドステージがたくさん生まれた。

素直な感想としては楽しかったし、気持ちよく歌えました。国プのみんなと会えたことがすごい嬉しかったです。
【飯沼 アントニー】

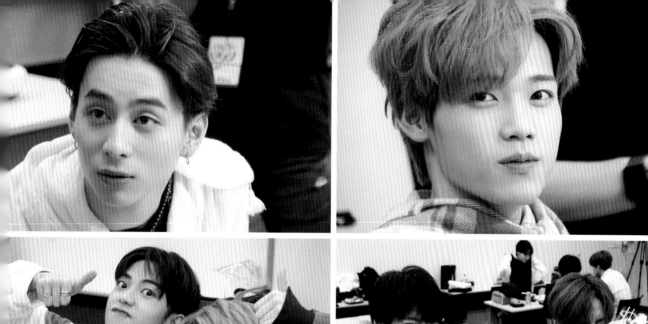

「ダンスとかボーカルとか、そういう枠組みに囚われない自分を発見できたかな。全て出し切って、このダンスポジションバトルで1位を狙いにいきたいと思ってます」
【内田 正紀】

「前回はポップでかわいらしい曲をさせていただいたので、そことギャップを見せたくて。かっこいい系に1回挑戦してみたいなと『OH-EH-OH』を選びました」【栗田 航兵】

コンセプトバトル 収録

コンセプトバトルといえば、オリジナル楽曲でパフォーマンスができる『PRODUCE 101』の花形ステージ。気合のこもったステージを披露した練習生たちは、より一層輝きを増した。

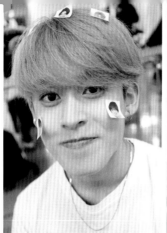
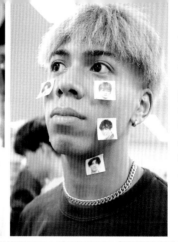

「ダンスが上手い翔也くん、
ボーカル面で支えてくれた京
ちゃんに大夢。一生懸命頑
張ってくれた健太、栗ちゃん、
ラップでかましてくれた柊。
皆の力があったからこそ良い
パフォーマンスができました。
本当にこのメンバーとやれて
良かったです」【テコエ 勇聖】

「ダンスが上手な洸人くんやたじくんにたくさん教えてもらって、自分の良さを引き出せたと思います。今までで一番いいステージができたんじゃないかなって思います」【上田 将人】

「チームの1位は嬉しい結果だったんですけど、自分はセンターなのに4位っていうのが本当に悔しくて情けなかった。でもダンスリーダーとして、少しでも貢献できたなら嬉しいですね」【西 洸人】

「『Another Day』に選んでくれた国民プロデューサーの皆さんに感謝しています。やっていて一番楽しかったです。見てくださる皆さんが、少しでも笑顔になってくれたら嬉しいです!」【太田 駿静】

「体調を崩して耳が聞こえなくなってしまって、正直不安な気持ちでいっぱいでした。でも仲間たちが支えてくれたので、乗り越えられましたね」【仲村 冬馬】

「これまでお世話になったり、仲良くなった練習生ばかりだったので、練習中も楽しく過ごせました。ずっと笑っていた気がします」
【篠原 瑞希】

「久しぶりにかわいい系をやったので、難しいところはあったけど、しっかりカメレオンになれたと思います」
【井筒 裕太】

「『SHADOW』には小林ポイントがあって。実は、曲の合いの手を僕が担当しています。曲がリリースされたら、いろんなところにいる小林大悟を、ぜひ探してみてください」【小林 大悟】

「皆さんの前でセンターとして踊ることができて、本当に幸せでした。チーム〈陰-IN-〉が大好きです。ワンくんでした!」【髙橋 航大】

「『A.I.M』は個性的な人
が多くて、たくさん話し合
いをしました。本番ではそ
れぞれが全力を出しきっ
て、終わった後は皆スッキ
リした顔をしていましたね」
【髙塚 大夢】

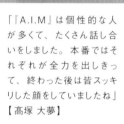

「本番では全て出しきったし、
悔いのないパフォーマンスが
できたと思います。チーム
ワークの大切さや、意識を
一つにまとめることの重要さ
を学べました」【藤牧 京介】

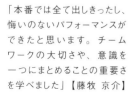

「今まで練習してきた自分のパートは、本当に自信がなくて不安だったんですけど、本番はしっかり出来て、最高のパフォーマンスだったと思います」【平本 健】

「ポジションとコンセプト二回のバトルでも全力を出し切って、心残りはありません。絶対絶対、デビューを掴みます!!」【許 豊凡】

「本番では一つの迷いもなくステージに立ちました。毎回毎回学ぶことが多くて、自分も成長してるんだなと感じてます。一位を取れて、めちゃくちゃ嬉しかったです」【田島 将吾】

「『Goosebumps』が1位を獲得できて、とても嬉しい気持ちです。ベネフィットを2万票もいただくことができたし、満足のいく結果で終われました」【池﨑 理人】

「かわいい仕草とか表情作りにすごく苦戦していたんですけど、チームメイトに支えられて、ステージではかわいくパフォーマンスできたと思うので、満足しています」【大和田 歩夢】

「自分の気持ちをしっかりと、パフォーマンスで表現するという課題を達成できた気がします。そのくらい、ものすごく楽しいステージを披露することができたと思います。ほんっっとうに楽しかったです！」【佐野 雄大】

「結果としては悔しかったんですけど、ステージ自体は最高のものが出来たと思います」【寺尾 香信】

「これまで頑張ってきたダンスと歌を、コンセプトバトルで全て発揮できたと思います！」【大久保 波留】

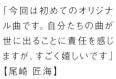

「パフォーマンスしている最中はすごく楽しくて、気持ちよく出来たので、悔いはありません。どのチームも1位でした!」【木村 柾哉】

「今回は初めてのオリジナル曲です。自分たちの曲が世に出ることに責任を感じますが、すごく嬉しいです」【尾崎 匠海】

Coupling

いつも一緒の仲良しコンビ、共に戦ったチームメイト、
けたたましく同じポジションを争う仲間など。自由にポー
ズを決めての2ショット大会！ハイテンションな楽し
い撮影時間に笑顔があふれた。

Shogo & Renta

Kohei & Hiromu

Toma & Anthonny

Shinsuke & Mizuki

Shunji & Hideaki

Koshin
& Masato

Hiroto & Jin

Yusei & Kenta

Shoya & Kaiho

Hikaru & Wataru

Shunsei & Takumi

Daigo & Hiroaki

Akihira & Nalu

Masaki & Kouki

Takeru & Yudai

Yuta & Ken

Rui & Fengfan

Rihito & Ayumu

第二回順位発表式

練習生たちに再び訪れた運命の順位発表式、夢のファイナルへと進む21人が決定した。しかし惜しくも19名の練習生はここで脱落…。短くも濃厚な時間を共にした仲間との辛い別れが待っていた。

「どんな結果だったとしても、た
くさんの人に応援してもらって
貴重な経験をさせていただいた
ので、きっと僕は幸せを感じて
いると思います。最後まであき
らめずに、絶対にデビューをつ
かみ取るので見ていてください」
【佐野 雄大】

「一人になった時、自分の順位はどうなるんだろうって不安になったり、色々悩んだり考えちゃったりしました。でも順位にとらわれず、自分の心を整理して、しっかりファイナルに進めるように頑張ります」【西島 蓮汰】

「どちらの結果にしても、みんなと別れてしまうことは確実なので、心配というか、悲しいというか、よくわからない気持ちです。でも皆のためにも自分のためにも自分を信じて、ファイナルステージに進みたいです」【中野 海帆】

「あと一個上だったらファイナルに残れて、希望が繋がったと思うと、本当に悔しい気持ちでいっぱいです。でも経験できたことは、すごくかけがえのないものなので、無駄にせず前に進みたいと思います。ありがとうございました！」【四谷 真佑】

「これまで一緒にやってきた仲間が減ってしまうというのは複雑です。でもデビュー圏内を守り抜いて、ファイナルを終えることができるように、ずっと意識を高く持ちながら挑んでいきたいと思います」【藤牧 京介】

「今の自分の最大限の魅力を出せたかなと思いますが、ファイナルに向けてもっと自分を見せたいし、さらにデビューしてもっと見せたいですね。ファイナルに残れたら絶対にデビューしたいです」【小池 俊司】

「振り返った時に、本当にやりきれたのかなって思っていて。この先どんな未来が待っているか分からないんですけど、自分らしく前を向いていけたらなと思います。まずは少し肩の荷が下りたような気がしています」【ヴァサイェガ 光】

「ファンの皆さんに支えられた半年間だったと思うので、僕よりファンの皆さんの方が、悲しんでいるのではないかなって思います。ここで終わりではないので、また違った道で一花咲かせられるように頑張っていきたいと思います」【松本 旭平】

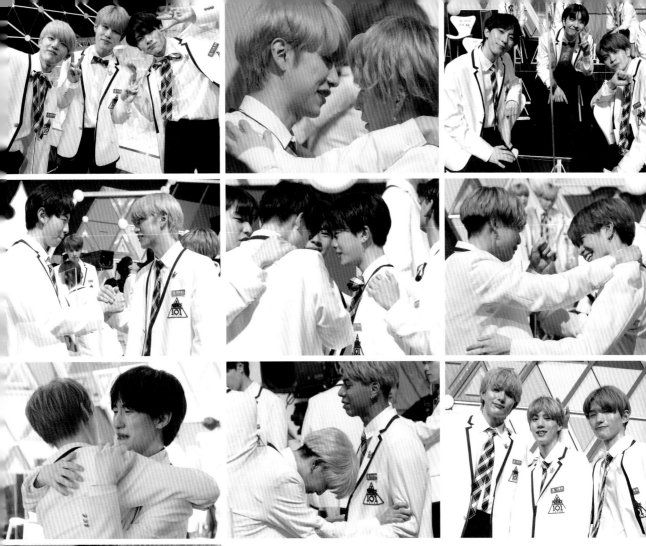

「純粋に「やりきったな」と、悔いはない気持ちです。アーティストとして、またここからスタートすることにワクワクしています。自分は大物になるので待っててください。必ずどこかで恩返しします!」【福田 翔也】

「コンセプトで手ごたえを感じていたので、本当に悔しかったです。これからどうなるかは分からないんですけど、21人とこんな感じでお別れになるとは。またみんなとステージの上で会えるように頑張ります。待っててください!」【小堀 柊】

「笹岡秀旭のPRODUCE 101 JAPAN が終わりました。今後、僕がどう活動していくかまだ未定ではあるんですけれども、応援してくださる皆さんがいるのであれば、僕は頑張っていこうと思っています。応援、投票、本当にありがとうございました。皆さん、大好きです」【笹岡 秀旭】

デビュー評価合宿

デビューメンバーを決める最後のステージに向けて、合宿が
スタート。『ONE』と『RUNWAY』、それぞれ異なる曲の世
界観を表現するため、各チームの練習は白熱を極めていった。

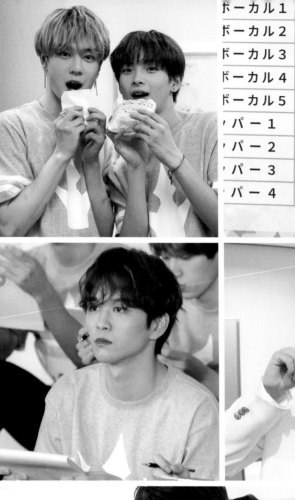

ボーカル1
ボーカル2
ボーカル3
ボーカル4
ボーカル5
ラッパー1
ラッパー2
ラッパー3
ラッパー4

17.高塚大夢

メインボーカル 藤牧 FUJIMAKI KYOSUKE

サブボーカル 松田迅 MATSUDA

池﨑理人

ラッパー 伊野 海帆

ラッパー 田島 将吾

阪本紀

ラッパー 仲村冬

サブボーカル 仲村冬

デビュー評価リハーサル

本番同様の衣装やメイクを纏って、ステージや進行リハーサルを実施。長時間に及ぶスケジュールとなったが、練習生たちは疲れた顔も見せず、最後まで全力を尽くした。

Selfie Shot

安積 夢大

3/2　安積 夢大

今日は リハーサルがありました。…場所をどこかわからないので、バス
乗ってて気持ちが楽しかったです。バス移動中にヒロくんが…ディズニー
…の場所と関東の配置を教えてくださって…のかたです。

…について、うれしい反面 なんか悔しい…があってです、K-CONとかと
思い合えたら…な場所ができるなんてことが思ホ…して ぜいたくな時間
でした。

順位ではギリギリでしたけど、それはでも 1想していた順位とほぼ一緒
だったんですが、やっぱり、悔しかったです。かも、今下位におるか、
レベル分けテストを"…だろう"って言う、重い プレッシャー など
かんじず、自分の 100％ を 良い…出しきりたいです。
ステージ上では、…らない、イヤミ…、表情 だけを…意識
して、なるべく何を考えずにしたいです。
今日でヒロムくん 最後だけど、ヒロムくんにとって、思い出
になってもらうように僕がかんばります。
ビックドリーム を焼…いて、夢に一ちゅず、近づける日に
したいです。
明日は色んな…、練習生やトレーナー、芸人さんにいじってもら
える存在になれるように、あと、出だしの音程を合わせる。
明日はいつも通り、練習やと思て(普通の)そえ…くらいの 肩の力を
抜いて、歌って頑張れば、最高です。おやすみなさい。

3/3　あさか ゆうた

本番でした。…ムでは、早く歌って聞賞…したけど、それ以外は
愛してできたと思っています。チームで、この 1週間で…一番仲が良い、雰囲気
がよかった日だと思いました。

今日は、国民プロ応…が合う気が出てて、僕が…がわからない、人との
…さなのに、僕の…を持てるまで、あげてくれると見えて、もっとそん
な…の事を応援してくれる人のためにも、…で、デビュー したい絆がすごい出
ました。ぜったい頑…らめないです。

今日で、なんか、新しい自分よりも見えた愛じがして、いままでは自分のでき
ばっかり気にして、他の…にしてばっかりだけど、今回のチームバトルで、
自分がミスしたところ…本当にすけど、チームが補える、いるき…、ともき兄、じん、ナーと
けた思と一緒に出来て、すげ…ないステージにできたので、すごい良かったです。
相手チームの、ひい兄、リッつ、おさひ兄、ろい兄、はひ兄、りつけ… と等えて
使ないら、見れたくもなかたけど、1組のベストパフォーマンスを観さいし、
1組がすごい良いステージをしてくれて、すごいうまくいった反面 悔しくなりました。
いて、ステージもだった、1組さんの鈴木永悠の歌声がすごい良くて、すごい踊りや
…表現でした。…助かりました。

今週まが、プチを通じて、ょととて、成長出来た。すけ、1回目の合宿
なし、今日を…えれ、色んな都道府県に、友達が出来て、うれしいです。
次の合宿では、もっと、レベルをあげて、この準備期間をしっかり、調せい
して、次の合宿に、いどみたいです。
　　　　ありがとうございます。감사합니다.

다음에、만났을때는 더더욱 열심히 하겠습니다.

내일은 오사카에 가서 안무… 맞고 있을 테니까, ♡

阿部 創

2021年 3月20日.

　今日は練習の 4日目でした。振り付けの見直し、細かい点を
来ていました。パフォーマンスはよくなってきたのですが、また 国内の皆
さんを 褒めることがでてていないと思うので、明日からそこを重点
的に、せていきたいと思いました。

　今日の朝に、質で話し合いをして、先端の統一もしました
他のグループに勝ちたいという強い気持ちと、強い焦りを持つ子
焦っても良いパフォーマンスはできない。勝つためにやるのでなく
国内の皆さんを魅了するため、世界のたくさんの人たちに
自分たちの魅力を伝える事が第一だという子がいて、
この 2つの気持ちを どちらも 大切にすることが、大切か
という結論に至りました

　残り 2日しかない練習ですが、後悔しないように
頑張っていきたいです。チーム団結して、良いパフォーマンス
を、皆さんに届けます。

　　　　　　阿部 創

2021年 3月24日.

　今日は、グループバトルの本番でした。

　朝に、衣装を着て、メイクをしたときに、本当に
曲のコンセプトに合った、いつもと違う、大人っぽい自分
がいて、感動しました。最高のパフォーマンスが
できると確信しました。

　本番も 大きなミスはなく、自分としては 最高の
パフォーマンスが できた気がしました。

　しかし 結果としては 惜しくも 負けてしまい、
3000票を もらうことは できませんでした。
一週間 本当に頑張ってきて、辛いこともあって
それでも 乗り越えてきてきて、強い絆が生まれて
本番も最高のパフォーマンスが できたのに、負けてしまった
ので、悔しかったです。

　この悔しさを バネに、次の合宿までに 努力し続け
たいです。頑張ります。

　　　　　　阿部 創

飯沼 アントニー (17)　　　　R3'05'04
良かった点
- 皆で改めてこの歌(花束)に対しての思い、お互いそれぞれどう思っているかを聞けて嬉しかった。
- お互いをよく知れてリスペクトしあえると思った。
- 歌をこれから気持ちよく歌えそう！

反省点
- もう少し歌の雰囲気を考えて、歌の表現の仕方を改めて見つめ直す。
- 皆も歌っていることを絶対忘れてはいけない。（皆が歌っているのを感じる）
- 立ち姿も歌っている姿を研究する。

感想
　今日の最後に見せ合いみたいなのをしました。最初は凄く緊張したのですが、冬馬君の歌い出しで凄い安心感を感じて、改めて冬馬君が歌い出しで凄い良かったなぁと思いました。そして歌い終わって皆に凄い良かったと言われていたのですが、自分の中は全然すっきりしてなくて、なんか色々メンバー内で話してみて、皆もそうだったし皆がお互いを感じ合えてなかったり、ある部分があったり、それぞれ思っていることを共有し合って最終的には感情的になってしまいました。でも本当大事な時間だったなぁ　　　　と思いました。

飯沼 アトニー (17)　　　　R3'06'10
感想
　今日は梨乃さん最後のレッスンの日でした。今日のレッスンで梨乃さんが言ったように、自分も今のままじゃ納得いかないだろうなと、自分をもっと出せなと自分でも思っているので、本番後悔の残らないパフォーマンスにしたいです。そのために、今やるべきことをしっかりとやる！最後まで全力で！

飯沼 アトニー (17)　　　　R3'06'11
感想
　今日が最後の練習の日でした。今日は本番に向けての気持ちづくりの練習でした。一回一回を本番だと思って、全力で自分の思いを伝える気持ちでやれたんですが、今日一人ずっと側にいれば、感想を言えてしまうですが、自分についての声がべきべきなかったので、ちゃんと伝わっていないと思うので、もっともっとです！そして今日今まで自分達を支えてくれた皆さんからのメッセージ動画を見りっと、改めて気合いが出たので本番悔いのないように、パワフルで突っていきたい！

R3・06・12

明日絶対ぶちかますぞ〜！

2021・3・14
　今日はとても良い最高の1日だったと思います。今日という日の事はこれからも忘れないと思います。アイドルとしての自覚を改めてもてたし、自分が60人の中で一番かがやけていたと思う。いや、絶対1番かがやいてました。表情も自分の今で出せる最大を表現できていたし、もう後悔はありません。そのくらい、自分に真剣に向き合えたと思います。

　明日からまた、気持ちを切り替えて、自分に甘えずにがんばっていきます。

　本当にダンスを一緒にがんばってきた、Cのメンバーとお別れかれみなありがとう。れいじくんには本当にお世話になったし心から尊敬をしています。これから感謝の気持ちを忘れず頑張ります。

　最高で最後のアイドルになれた大切な大切な1日をありがとう！！

　　　　　　　　　　飯吉 流生

2021・3・29
　本当にくやしかった。絶対勝てると思っていた自分がいた。その甘えた自分のせいだと思う。次はもう負けたくないし、必ずデビューする。

　今日まで約1ヶ月最高な日々でした。スタッフさんや関係者の方々のおかげで幸せでした。ありがとうございました。たくさんお世話になりました。次回もよろしくおねがいします。

　　　　　　　　　　飯吉 流生

池﨑 理人

3.14

本日は、レミフラ披露当日。今日までたくさんの努力をしてきた。本番は17十回も撮った。その途中、舞台袖で少し目を閉じて集中しようとしたとき、周りの仲間の期待や不安をもらす話し声、舞台から聴こえてくるレミフラの音楽とAグループの足音で、「あぁ、ついにここに立てるんだ…(T_T)」と思って、涙があふれ出た。伊庵も皆で披露し、ラスト1回を皆で最高に楽しんで歌ってパフォーマンスしたときは、人生の中で最大級の幸せを感じた。この仲間でここでがんばってこてよかったの本当にリノ先生、プロデューサー、関係者の方々と1回プには。ずっと感謝しています。疲れたので寝る。卒。

理人

6.10

今日の練習 最後のレコーダーレッスン。リコさんを泣かせた。色んなアドバイスで最後までくだざり、大好き。We love you! あと、入替の本番もした。あのイントロで聴くと感動する。

6.11

ゆるだけ。

今日のリハだった。しこつうも 成功した。ふと「自分のグデーのファイナルのいる」というのが実感きて、幸せな気持ちになる。この気持ちはRUNWAYのイントロを聴くとなりやすいのでがんばりたいのRUNWAY 皆が大好きだ。今までし オタクから ここまで たんぬりってきて、今での自分の集大もをぶつける。デビューする。ぜったいです。

リヒト

井筒 裕太

・3・14・日

今日は、本番でした。全員の パフォーマンスはすごく良いことができました。でも、ちゃんとは1回しかでれなかったでしょーので、すいさんちょっていたんですけど、さいごのほうは 楽しくことが できました。全員が 仲よくなどなこと、そして B みんなで おどること がさいごだったので、さびしくも ありすごく楽しかったです。
今のステージで オどるのも 昨日 今日で 最後 だったので さびしかったです。
そして もっといいパフォーマンスができるように たくさん きゅうしゅうして

いきたいです。　井筒 裕太

・3・24・木

朝で この合宿 がおわりました。長くも感じたし 短くも 感じた日でした。
今日の パフォーマンス、いつよりも パワーのある ラップ、ダンスをおどれなかせたのかなと思いました。
国中の 2人さん や リハ ステージに たちたいす
ちょうたのかわたし、これまで 練習してきてよかったなと思いました。
自分が 100 て おどく れんさで あげられたけど、これで がんばって きたおかげで
みんなにな結果に 多々をかけってつ がんばっした なと思いたい。
ここからが いちりゃりが ここの合宿に ひかれて その頃とたくさん 努力して
いきたいてういてくす。

井筒 裕太

3/3
10日目。今日は、レベル分けテストでした。結果はCでした。正直、とても悔しい。順位発表と同じくらい体にこたえた。自分達では、全て出しきったつもりでした。お互いに表情や感情の表現を見合い、改善点と良い所を見つけ合い、よりよい作品にしていたと思っていました。本当に頑張って表現した感情の部分が伝わらなかったと言われたのが1番悔しかったです。C、評価をもらった事よりも。そして、再評価に向けて、改めてふんばりたいと思います。
このメンバーからは、何でCにヴァサェガがいるのかわからないです。と言われたりもしましたが、そう言ってくれた手達に協力できる事はしたいと思っています。ダンスで引っぱっていけるように、みんなが頼ってきてくれているので、1番早く振り付けを覚えて、みんなをサポートしたいです。以前に先生していた時のようにレッスンしてみたらなど思っています。
Cのクラスの中には、ダンス、歌共に未経験の子も多いみたいなので、Cクラスの底力を上げたいと思います。
そして、絶対にAに行きます。田島くんからも絶対に来てと言ってくれているので、Aクラスに行って一緒にAで踊りたい。本当の順位発表されるまで、今回のプデュに参加している実感が湧かなかったから今はものすごい感じている。気を改めて引きしめよう。肌荒れにも少し悩んでいるが、悩むと余計に荒れるので、あまり考えないようにしたいけど、肌が命なのでどうしよう。。。
また明日から頑張れっ！！！！
ヴァサイェガ光

3/4(日)
21日目。今日は、Let me fly テーマ曲の撮影でした。前日に、ステージを見たのですが、改めてかっこよくてここに立てる事が本当にうれしいです。最後に大きいステージに立ってから約5年。この、照明に当たる感覚、カメラマンに撮ってもらえる事、自分のための衣装がある事、メイクをしてステージに上がる事、全てがひさびさで、感動です。撮影が終わり、今回のステージに関わってくださった方を紹介してくれている時に自然に、涙が出てしまいました。あ、僕は本当にステージに立ちたかったんだと自分の夢を再確認。今回の合宿に心良く行かせてくれた母に感謝の気持ちでいっぱいです。本当に色々な経験を得て、楽しい事、来い事、楽しい事も本当に色々ありました。決して、楽な道ではありませんでした。お客さんはいなかったけどステージに立つ感覚は同じものを感じました。CクラスはAクラスの後なので、田島くん、他C組の踊りも見て踊りました。Aクラスの方達は本当にパワー、勢いをもらえます。今はAクラスの後だけど、絶対に次はとなりで踊ります。体にお疲れ様でした。また明日からもガンバし！
ヴァサイェガ光 K

3/13
　今日はステージでもリハーサルがありました。今まで自分が夢でいたステージに立っているんだと少し感じることができた。この曲が世界中に出て多くの人達が見ると思うと、とても楽しみだし絶対にやりきりたいです。少しでも画面に映って自分の事を知ってほしいし、あの子だれだろと思われるくらいのパフォーマンスをします!!自分は浅いった夢とまでは言いきられないにかがないし自分のとこというのはまだ分からないけど、今の自分の等身大の姿をみせつけていきたいと思います。熱を持って楽しんで頑張ります!!
上田将人

3/21
　今日は、グループバトルの発表の日でした。自分は人生初のお客さんがいるステージで、とても楽しみでした。だれも眠い。プロデューサーの方達と会い、自分の名前が書ってる紙カードを持ってくれて、自分が持ってプデュに出ているんだと実感をもつことができた。また多くの人に応援されてるんだと気づいた。ステージでは自分の色を出しきることができたとは思います。ただ、いくつか音を外してしまっていたのでそこが課題です。結果的に2組に負けてしまって非常に悔しかった。自分自身の課題を見つけることができたって気持ちが結果的に気もちを強くに頑張りたいと思います。このプデュを通して技術面の勉強以外多くの事を学びました。自分は下から批判このグループ評価までさせて先にまる人間というもっとストイックに、私的に観客がに頼れるスキルはかりないとても強く感じました。レベルの高い人達ばかりがついていくので、とても必死に勉強にしてきた。次の評価にも絶対に残ってデビューに一歩近づけたい。気を抜かずに頑張ります
上田将人

上原 貴博

3/20　[感情]

60人に残ることができた嬉しさ、合宿に参加することができて他の59名の練習生たちと会えた喜びが、合宿を進めていくにつれて薄れていくのが分かり、ただ今日惜しくも60名に残ることのできなかった40名の映像を見てその初期の感情が思い起こされ、改めて向上心が湧き上がりました。

そして他のチームのリーダー達と話し合う機会があって、森井君の涙を見たり他チームの悩みを聞いていると、自分達のチームのここからの方向性も見えたし、まだまだ上を目指さなくちゃという気持ちが強く湧き出てきました。

リーダーとしてチームの方向性はとても大事な事だと思うので、今まで何度も考えてきて、どんな感じで練習を進めて、どんな目標を持って、最終的にどんなパフォーマンスを見せたいか、今日でやっと定まった気がします。

今後も気持ちのままにパフォーマンスで自分たちの出したいものを表現して相手グループに勝ちたいです。

上原貴博

3/24　[livera]

本っ当に悔しくて涙があふれました。初回順位74位はキツすぎるし、上の人達との差を見る度に自分の実力の無さを実感させられました。

自分の武器をまともに扱うこともできず、全てが中途半端な自分が嫌であまり振り返りたくないというのが今の気持ちです。

レベル分け評価の時にKENZOさんに「アクロバットの後の君は水を得た魚のようだった」との評価を受け、自分の武器と胸を張って言えるものがようやく出来上がったのに、今回がこのような結果で終わってしまい、とてもとても悔しくてたまらないです。

今日の収録が終われば、もう僕の力ではどうにもならない状況になりますが、国民プロデューサーの皆様に僕の事を見つけ出して貰えるように願って、次の合宿まで備えようと思います。

この1ヵ月を振り返ると、本当に沢山の濃い思い出があったことを思い出します。苦しくて逃げ出したくなった日もあったし、仲間達と仲違いした日もあり、また仲直りして前以上に仲良くなったり、全部の思い出が一生モノでした。

悔しさをバネに次頑張る、が前回までは当たり前に出来たけど、次の投票・結果発表までは国民プロデューサーの方々にアピールするチャンスもほとんど残されていないので、もっと早く動いていればと後悔の念でいっぱいです。

何だか次残れなさそうな気もしている今ですが、精一杯自分の出来る事をやってきたと胸を張ってそこだけは言えるので、そこは自分自身を褒めたい、これからも信じ続けて待ちたいと思います。

沢山のスタッフの皆様、国民プロデューサーの皆様に支えて頂きこれはとても貴重な経験をいくつもさせて頂きました。今後も僕を応援して下さる方々の期待に応えられるように日進月歩で毎日上を向いて歩いていこうと思います。

一緒に踊ってくれたliveraのメンバー、そしてみんな本当に有り難う!! 幸せです。

PRODUCE 101

上原貴博

内田 正紀

3月6日 土曜日

今日は、再評価テストがあった。レベル分けが終わってから全力で練習したが、振りを覚えるのが苦手で、形を綺麗に直すことはできた気がするが、流れで止まらず踊ることができるか不安な状態で挑んだ。結果、案の定振りがとんでしまい歌詞も一部忘れ、本当に悔しいパフォーマンスとなった。これまで練習してきたことをムダにしてしまったと、後悔がやまなかった。

そのため、DからFになることも覚悟した。そうなっても絶対あとから追いこしてやるという気持ちをつくろうと、悔しさをごまかそうと必死だった。しかし、結果はCクラスに上がるというものだった。信じられず、とても驚いた。振りも歌詞もとんだのに評価していただけたことは嬉しかった。できた部分で、練習の成果をみせられたのかもしれないが、未だに信じられない。

一方で満足しているわけではない。ボーカルメンバーを目指す中で、同じDクラスだった航紀がBにいったり、Aにもボーカルメンバーが入ってきたりしており、負けてられないのでボーカルも伸ばしつつダンスで圧倒的にうまくして、バランスのとれたアーティストになりたいと感じた。

今日は周りへの負い目も多く感じた日だった。司紗や龍亮、航大は、ダンスをひっぱってくれて、Dクラスのレベルをあげてくれたメンバーでもあった。振りがかなりとんでしまった自分が彼らと同じクラスで、"なんでお前が"という気持ちを抱かれているかもしれない。こいつは上がってくる奴だと納得させるためにもがんばりたい。また、たった2日間だが、Dクラスとして共に上を目指したメンバーとは、深い絆ができたと感じているので、違うクラスでも気持ちは1つに、良きライバルとしてTopをとるべく高めあいたい。

内田正紀

3月24日 水曜日

グループバトル本番だった。気持ちをひとつに、緊張よりも楽しみさが勝る心境で挑んだ。

自分の名前を掲げてくれている国民プロデューサーの方が数名いて、本当に嬉しくて、自分はこの人たちに応援されてここまできたんだ、と感謝の気持ちがこみあげた。そういった方々に見せたいという強い想いで、感情をパフォーマンスにぶつけた。

結果は敗退だった。しかも6点差しかなかった。悔いのないようにやってきたつもりだったが、悔しさと申し訳なさがこみあげた。悔し涙を流したのは、人生で初めてだった。

リーダーとして、あと一歩何かできたんじゃないか、個人として点が低かったので、自分の研究が足りなかったんじゃないか、など後悔してしまった。

ただ、冷静になると、ここまで3番目のチームに9番目のチームが接戦にもちこんだことは、とても誇らしいことだとも思った。頑張ってきた成果が少しは出たと、自分たちをほめたいとも思う。

これから合宿がおわり、放送が始まり、自分が残るか落ちるか決まってしまう。やれることはやったので、祈るしかないが、次も残る前提で、トレーニングに精進したいと思う。

枝元 雷亜

2020.3.2

今日は、とても衝撃的な一日でした。クラス分けは、Dでした。でも、後悔のないDでした。ステージ上では楽しくできました。僕の中ですごく心に残ったのがたかとねさんのお言葉です。たかとねさんは悔しいと僕たちのことを思っていたみたいで、涙を流されていました。ダンスも歌も上手だけど自分を表現する力があると言っていただきました。それが本当に本当に嬉しかったです。このステージで僕は、歌とダンスよりも自分らしくやることを心がけていました。なので、それがトレーナーさんに伝わったことが僕にとってすごく宝となりました。僕はこれから上だけを見ます。

えだもと らいあ

2020. 3. 6

再評価テストでD→Dになった。歌も声がでなくて、ダンスも振りをすることに精一杯で何もできなかった。表じょうも、全然できていなかった。人間味のないダンスで気持ちも入っていなかったと思う。この3日間でできることはしたつもりだったけど考えがあまかった。もっと集中して、はやく振りを覚えて、細かいところまでやらなければならなかったけど、それができなかった自分がなさけない。同い年もう3人デビューしてもうのグループに行ってアピールしたかったのに、不安がふくらんでいる。どうしてもデビューしたい気持ちばかりが進んでいて、それに対してアピールにもっていない。自分の魅力は何なのかどうアピールしたいのかがわからなくなった。けどあきらめたいとは全体に思わない。わからなくらず最後まで付き残る。

あきらめない！
デビュー！

えだもと らいあ

大久保 波留

2021 . 3 . 24

今日は本番でした。
結果は、8Loveと2組が勝ちました。
個人としては、8Loveの曲で1位となることができました。
個人というのは本当にびっくりして、うれしかった。けど、それと同時に、
4人のなかで78票、うち、2位になれました。
でも、すぐに この順位は いれかえられるから、不安だけど、自分の自信にもつながりました。
メンバーのみんなにも なるかセンターでよかったって言ってもらえてうれしかったです。
しばらく、グループ活動になって ベネフィット、ご当地ライブであるので、
楽しみです。
本当に楽しかったです。
8Loveもまた見て、したのが、本当に一番の心に出ます。
スタッフさん、関係者さん本当に、これまであがとうございました。
次も頑張りたい。 よろしくお願いします。
楽しかった   Ｐ

・6・1・Ｋ

今日バラードの曲が発表された。
「One Day」は、私たちの曲。私たちだけには分からない気持ちを
あのテスさんが作ってくれたことがうれしいです。
眠ってしまった綺麗生 をずっと先で 出会えるという曲。
自分も また再会 するために デビューしたい。
デビューもしたいって思いすぎて、卒業の重みがなくなるかもしれない。
名こりなおして、もっと張りつめる気がする。
ONEのチームは日に日に パワーアップになって、7ミリっと気がする。
パフォーマンス面で 周りならもっと自分を出せると思う。

太田 駿静

3/24

○ 今日はグループバトル本番でした。最初はまさか選んでるんなんても思わなかったから6人で1週間 すごく楽しい 1週間だったへ

○ 国民プロデューサーのみなさんに本当に大丈夫と状況の中身を選んでくれたことを心よりかんしゃしています。 チームとして勝ちが掴めました。そして僕個人としては19票でした。19票も入れてくださった国プのみなさまにかんしゃを伝えたいです。でも500人いる国プのみなさに もっと自分のパフォーマンスを届けたかったです。どうん票ではないのですが、チームメイト そしてみんなに勝ちとつめたし、こりかえしをしたろうなんが。まだまだ自分の力かなと改めて感じました。 でも今は自分のパフォーマンスを国プの方々にまた見てれたこと、この1かんひとつを作ってくださったスタッフさん達にもかんしゃしかないです。

○ まさやくん、匠くん きょうすけ、トニー、たくみには明日 しげきと学びと共に失敗して きたので 本当に成り切るのと いいなって です。
僕はけっこう Loverもわからナもないいろいろになった時にグループ・バトルで まさやん感じ勝ったしてくれて 本当に感謝したよりも願いだしって クリたいした。その思い かろんろ この1週間でかなり楽にはしました。最終的にはみんな笑いしてましたw
この1週間で学んだことをぜったいに忘れずに、そしてこの嬉しい気持ちを忘れないで、切り1ヶ月ちょっとを過ごしたいと思います。
*本当 インフィニティーのみんなにかんしゃしています

太田 駿静

5/1

今日はポジションバトルのグループ決めがあり 自分はボーカル、ダンス、HDRPAR、悩んだんですけど 自分はボーカルで選びました。理由としては＿＿ 自分のまた違った一面、意外な所だなでてみんなは思っているなと思います。
ボーカルもできるんだぞと思ってもらへる為に国プのみなさに見て頂きたいと思いました。ダンスだと自分が得意としまうんじゃないかと思い
そして、何よりバラードなゆか、花束のかわりにメロデーをという曲が大好きだったのでボーカルに付かせて頂きました。
それから チームメイトのとりくん きょうすけ、アントニー。
チームとして最強なので自信しかありません。でも今回も チームだけではなく個人として来て 1万票入れるのを とても思って不安です。
僕はbから 14位に下がってしまって 次の20位 まないに下がるか本当に何があるかわからないので これが最後のバトルになる可能性は高いです!! 今この瞬間にセンターじゃなくても誰よりも思って 駿静が良かったとチームとしてしても 個人としてしても 1位になる為に全力で頑張ります。そして今回 僕が チームのソーダを やろうと こうした を になりました。別ソーダになりたいと思ったのも もちろんけいけんにもなってと思ったのも 理由 もかし、助かり がみんなをふるえさせるようになってしてみんなが意見を言えて 自分がムードメーカーとしてとても場を盛り上げれるような 自分ソーリのソーダーができたらなと思います。タ今しく みんな ソーダーと思いような 感じてすごく良く笑まっている なとと思いました。本当にとうほん トニー きょうすけが僕を支えるというこのチームの事を考えてくれているので 僕はかなりのこと大事には一瞬なりましたが 僕は僕なりソーダーをやっていこうと思いました

太田 駿静

大和田 歩夢

2/28

今日は最後の仕上げとして何度も踊りながらダンスを繰り返した。動画を撮って確認したのだが、かなりそろってきている気がしてとてもうれしかった。昨日 ボーカルトレーナーの先生に アドバイスしていただいたラップの仕方で、ラップをするようになったおかげで聞こえ方が良くなり、自信がついたことで、普段の練習でも、大きな声で どうどうと ラップをすることができるようになって良かった。
今日でさいこで練習できる日が最後なのだと思っていたが、明日も 4時間の練習と トレーナーの先生方とのレッスンが あるようなので 最終的な確認をして、より本番で自信を持って できるようにしたい。
また、今日練習の後に チームの 3人でプリクラを撮れる時間があった。毎日一緒に 練習してきたので 本当に仲の良い友達なので プライベートで 遊んでいるような、とても楽しい 時間だった‼ 本番もこの3人なら上手に乗り越えられると思う‼

大和田 歩夢

3/24

今日は グループバトル 本番当日だった。会場へ移動して 自分の番になるまでは全く緊張していなかったのだが 国民プロデューサーの方々が満員になっているステージを見た時にいっきに緊張してきた。ステージに立つとより興ふんが高まった。曲が流れダンスが始まると意外と冷静にこなすことができた。特に大きなミスもなく終わったので 本当に安心した。ステージが終わって 他の練習生に たくさんほめられて うれしかった。中には僕の努力を見て涙が出たと言ってくれた練習生もいて とてもうれしかった。
チームとしては 勝つことが できて 3000点を取り入れることができて 本当に よかったのだが 僕は チームの 6人のうちで 4位だったので とても悔しかった。自分ではパフォーマンスで 出しきったつもりでも お客さんには つたわらなかった ということだと思う。次の合宿では もってもっと 輝けるように 準備して 待ちたいと思う。最後に このチームで バトルができて 最高でした。チームの皆に感謝しかない。

大和田 歩夢

尾崎 匠海

3月1日

今日もおつかれさまでした。

今日は最後の練習でした。

彼女持ちのです。今日の最後は平井大さんの「ちつ (and by me)なんか」でした。この曲を3人でやれていることをほこりに思います。

そして今日は二人の話。

まずたける!!たけるは同年でダンスがうまくてこのきかん すげー勉強させてもらった。ほんまにありがとうな!! そしてかったり年下ってしたけどもう同年の感覚です。 すごいがんばりやさんでお兄ちゃんうれしいよ!! いつもありがとう!! 二人とも明日がんばろ!!

3月2日

今日も一日おつかれさまです。

今日練習生みんなとの顔合わせでした。

そして1回目のランキング発表。

僕は14位でした。正直くやしかったです。 次は絶対デビューメンバーにはいります!! そしてその次は上位にくいこみます!! 書を現実にするために、明日のパフォーマンス、 全力でやりたいと思います!! by尾崎匠海

5月29日

今日もおつかれさまでした。

無事ファイナルに残ることできました

結果として6位ではありましたが、

まだデビューが決まったわけでは

ありません!!最後こうかいのないように

パフォーマンスします!!

北山 龍磨

2月22日 月曜日 PM 10:14

日記を今日から書こうと思います。日記を書くのはとっても久しぶりなので、少し何を書こうか悩みますが、後々見かえした時に「こんな事あったな」なんて思えたら良いかなと思います。

隔離生活も終わり、本格的に合宿が今日から始まりました。メンバーはなんと全員沖縄出身でびっくり。グループ名もスーパーめんそーれーとできまたびっくり。

3人で歌割りも踊りも半分くらいできてすごい良いメンバーに恵まれたなと思います。松田・迅(まつだ・じん)君、上原・貴博(うえはら・たかひろ)君この2人と一緒にAクラスに行きたい。だから、貴博君も言ってたけど、皆が他の2人の為に何ができるかをお互い考えて行こうと思う。そろそろ明日も早いし、久しぶりの日記で上手く書けなくて何回も書き直しちゃってもう22時前なのでおしまいにしたいと思う。

2人に出会えて本当に良かった。ありがとう。おやすみ。

北山

3月23日 火曜日

グループバトルリハーサル。会場が凄く広くて大きくて照明やセットも豪華でとても興奮しました。KENZOさんにたくさんちょりしてたから、楽しんでもってできると言ってもらったので、明日はもっと楽しんで最後の1回本番をできたらなと思います。明日でもう合宿が終わってしまいます。悲しいです。初めは少し長いなと感じていたこの合宿でした。スーパーめんそーれーからCクラスからBクラスからLET ME FLYからグループバトル、そして明日で本番。本当に色々な事があってPRODUCE 101 JAPANというこの素敵な番組に出れて良かったと心から思います。そして、やっぱり最後良い雰囲気でチームメンバーには次の合宿でも会いたいしチームのリーダーのしょうさんは、誰よりも一番頑張ってたくさん練習していてとてもチームの為に努力してきたので1組のチームさらに10組全員に勝ってリーダーに恩返ししたいです。最後にこの日記を書く事もももしかすると これで最後になるかもしれないと思うと悲しいですがこの日記を見返すと自分の弱さやだらしなさがあったので、次の合宿でもまたり、またこの日記や合宿を真剣に取組みます。PRODUCE 101 JAPANに最後一高ちゅいせて下さい。「ありがとう」

木村 柾哉

木村 柾哉 ・2・22

今、このノートを使っていることが、日記を書いていることがとても心が
ウキウキ、ワクワクします。始まったんだと実感。改めて、今こんな
状況の中 SEASON2 を企画して下さって、てっ底したコロナ対策や
練習生へのお気遣いや全てにおいて有難いなと思います。
そして頑張る環境があることに本当に感謝します。1週間の隔離
を経て今日ついにレベル評価のチーム分けが発表されました。
朝めちゃくちゃドキドキしていましたが、集合すると前回 Softbankさんの
撮影でご一緒だったみんなと同じチームでした。安心とともにめちゃくちゃ
ワクワクでした。メンバーは阿部クン、小林クン、笹岡クン、小池クン、そして
自分の5人。みんないい子ですぐ仲良くなりました。自分は年齢が
1番上なのでみんなを引っ張っていけたらいいなと思います。でも
みんなしっかりしてるのでみんながみんな意見を発信しながら練習
を進められました。これからずっとファイナルまで続くチームなので
大切にしたい。みんなが困ってたら助けたいし自分が困ってたら
助けて欲しい(笑)とりあえず 3/3 のレベル分けまでメンバーが
何事もなく本番を迎えられる様に根本的な、遅刻しないとかあいさつ
やルールを守るなどあたり前のことをうっかりミスしてしまわない様に
助け合うことを話し合った。もちろんパフォーマンスの練習も全力で
取り組みたい。1日目無事に終えることができて良かった。これから
始まるー！自分はとにかく下手でもダサくてもいいからボーカルもダンスも
ラップも全力で挑戦して全力で吸収して全力/体でデビュー
したい。そのためにまた明日からコツコツと頑張って行きたい。
期待と不安と希望といろいろあるけど、自信をもてる様に！！絶対デビュー！

6/6

今日は撮影があって、オーディションを受けた時の
映像や家族からのメッセージ映像を見れました。
企画して下さったスタッフの皆さん本当にありがとうございます。
初心に返った気持ちと愛に包まれました。
気を引きしめて残り6日が人ばります。

木村 柾哉

6/13

今まで関わって下さった多くの皆様、
応援して下さった皆様、
両親、友人、全員に感謝します。
そしてこれを受けることを決心してくれた自分。

ありがとう

世界へ羽ばたく準備は整わせてもらったし
努力もしてこれたと思う。
あとは羽を広げて飛ぶだけ！

LET ME FLY

ありがとうございました♪ 木村 柾哉

栗田 航兵

・3・16

今日は、グループバトルの チーム分けでした。
僕は、ずっと呼ばれなくて、最後の方に、
くじで、当たって 僕が えらべる 立場に
なったので、ヴァスくん、航兵くん、息吹、のリピー
ゆくだいを えらびました。バランスよくて、
良いチームになると おもいます。

センター決めで、僕がセンターになりました。
みんなが、決めてくれたので、全力をつくしたいです。
対戦相手が、ナル、けん、とか、仲の良い人
なので、つらいですが、勝ちにいきたいです。
絶対に、良いものにしたいです。

曲は、"King ＆ Prince さんの RLove という曲でした。
僕は、かっこいい曲をしたかったのですが、
この曲をきいて、POPなかんじなので、とまどいましたが、
良い曲だったので、がんばります。

3/24

本番でした。初めて 国民プロデューサーに
会うことが できました。

きんちょ・クしたけど、会えてうれしかったです。
プラカードをもってくれてる人がいて、
本当にうれしかったです。

パフォーマンスは、正直、失敗です。
悔いは、とても、あります。

でも、心から たのしくできたから、
よかったです。

このチームで、この曲をやれて 本当によかったです。

はなれるのが、さみしいけど、
次のステージで、又、みんなで、たちたいです。

栗田

2021・5・3・木

今日はレベル分け評価の収録がありました。そして目標にしていたAクラスをいただきました。本当にうれしかったです。
ですが、同じチームのお兄ちゃん方が外的より低い評価を受けまして、そして複雑な気持ちになってしまいました。ステージ上では強いのがえらんできましたが、裏に行ってインタビューを受ける際に各個人でBのクラスのステッカーを持ち、カメラにアピールをしたのですが、3人がAレベルのシールを持っているのが、すごく悔しくて申し訳ない気持ちになりました。その時に涙も流してしまいました。ずっとここまで一緒にやってきたので、みんなでAを取ろうと話していたので。
ですが、ここでお兄ちゃん方が「踊りにこっちの方が燃える」と言っていて、自分も更なるいちだんにならなきゃいけないと思いました。そして、再評価テストでみんなでAにいこうと話しました。なので、これからAを維持していくために本気で練習しています。
また、トレーナーの方のコメントの中でりのさんが言っていたような自分をもっと伸ばしていき、Aを維持し、センターを目指してがんばります。

小池 俊司

Let me fly が すきすぎるので。
本気で仕上げています!!

2021・5・30・日

今日はグループ発表の日でした。振りが一旦全部入って、本当にまだ5名とひとつ名も感謝です。
トレーナーレッスンでもあり、テルマさん、りのさんのレッスン2だったのですが、数は本当にまだまだ改ならなきゃいけないと感じました。メインボーカルをやらせていただいているので、責任感を持って練習しようと思います。
ダンスは、正直この曲に自分的にのりたくて、伝えたい気持ちが第一でないので、この気持ちを忘れずに、りのさんに言われたプロとしての表現力を上げていくことに集中して練習します。
明日からまた自分がなぜプラスを受けたのか等、自分の中で答えを見つけて、上へ上へ回帰して、まだ5名をまず超えられるように一生命やろうと思います。明日のトレーナーレッスンでも自分をさらけだして、レベルアップしたいです。

小池 俊司

・3・7・日

今日からAクラスのピンクの服を着て練習をした。ずっと着たかったこのピンクのパンツを着れることが本当に嬉しくて、それと同時にAクラスでいる以上ずば抜けていないといけないと思ったので練習にもすごい力が入りました。再評価後のAクラスみんなで自己紹介しあって、またみんなを高め合い、切磋し、さらに成長をしたいと思います。
そして、今日は、RECをさせていただきました。RECの予備馬鹿はあったのですが、自分の楽曲をあのように RECさせていただけて本当に感動的だったし終わりたくないとも思いました。
デビューすればこんな事がずっとできるのかと思うと本当にもっと頑張ろうと思ったし、僕はやっぱり歌う事が好きなんだなと感じました。
明日、しているTRYのセンターを決める撮影があります。今の心情はやっぱりまだどっか気持ちで負けてしまってるところがあるなというかマイナス思考になってるな気がして、最後の一回納得のいくパフォーマンスができなかった。
だから明日はこんな最強な人たちとセンターを争うことができるって事を楽しみながら自分の魅力を発揮したいと思う。本当に最強な人たちだから誰になるか本当にわからなくてそして戦えるこの環境に感謝しながら全力でパフォーマンスしたいと思う。ようはマインドコントロール。逆に攻め!!

頑張るし楽しめます 😊
古瀬 直輝

「グループバトル」
本当に本当に幸せな日でした。応援してくださる方がこんなにもたくさんいてくれて僕たちのパフォーマンスを見に来て下さって本当に感謝の気持ちでいっぱいです。お客さんがいる会場でパフォーマンスをしたのが1年ぶりでずっとずっと見たかった景色、想像してたステージ、やりたかったダブルボーカルができて、僕の声もやっぱりこういう事だと改めて実感しました。大切な仲間たちと立てた同じステージだと更に幸せが増します。
この合宿期間、大変な事も、苦しかった事も辛かった事も嬉しかった事も感動した事も、全てを含め、自分をさらに成長させてくれたと思います。
しばい分け評価、再評価、レコラステージ、グループバトル。楽しかった。どのステージも、涙、笑顔、達成感であふれています。
しかし、グループバトル結果、負けてしまいました。この合格で初めて悔し涙を流しました。大泣きしました。あ、俺 こんなに悔しいくらい本気で好きだった 勝つ自信あったんだと思って、みんな勝つ気で本当にいいステージできたと思ってこの結果だったと思うのが悔しいこの気持ち 絶対にプラスにかえてさらに頑張ろうって決めました。
数字では負けと出てしまいましたが、気持ちでは負けと思っていないので、そこは自信をもってこれから先も自分のパフォーマンスをさらにみがいてみんなくのアーティスト、アイドルになるとなどを決めました。コミットメントB 怖いな──
もっと頑張ります。ありがとうございました。

古瀬 直輝

児玉 龍亮

2021.3.3
今日はレベル分けテストがありました。自分はD評価でした。
A類と同じで前にも練習生をしていた蓮太くんと将吾くんは
2人ともA類で、自分の実力不足を痛感した。
トレーナーさんに「伝わってくるものがない」と指摘を
受け、石室かにその通りだと思った。
再評価では、もっと自分自身の表現を意識して
パフォーマンスできるように、この3日間死ぬ気でがんばろうと
思います。
　　　　　　　　　　児玉 龍亮

3.16
（11人に残ってデビューするためにここに来た）
今日からグループバトルが始まりました。
この60人はみんな本当に魅力的で、話していて楽しかったり、
お互い成長できる仲だと思うけど、でも自分の目的をはっきり
して区別することが大切。
これからグループバトルで全員がライバルになって、この先
もっとつらい現実をつきつけられていくと思うから、その覚悟を
しっかりして、この最高の環境に感謝しながら
誰よりも楽しんで、誰よりもパフォーマンスに忠実でいたいと
思う。チームメンバーを見て思ったのは、今までは西くんや
Aチームの人に頼っていたけど、初めて自分が引っ張る側に
ならなければいけないと思った。これが今回、最初の
大きな試練だと思うから、先気に気を抜かないで、
グループバトル、楽色に勝ちたい。「Let me fly」で
見た あの景色、絶対あのステージに立って、また光賞きたいと
心から願っていて、自分の夢はそこに向かっているから
本番までのマインドをもう一度整理して、ステージを
イメージしながら、アーティストの自覚と責任を持って
練習をしていく。

後藤 威尊

3.20.土・曇り

今日は自主練と、vocalレッスンと、Danceレッスンがありました。
午前の自主練では皆がよう寝かできていない感じがしました。頭からさまよっ
たりしていたと思う。なので あまり強く言えなくて、どうしていいか分からなかった。
全合なべた後に SEASON2で落ちてしまったジョンへの映像を観ました

皆が涙を流します。僕は先に席ごはんからスタジオに戻って、しくじった私的な
練習をしました。皆は僕から戻ること ミーティングをしました。皆の気持ちが上向いて、もう一度
気合を入れ直しました。午後からの練習は 皆集中してすごく成長ったと思います。
改めて 私 いちから出発をたくなりました。僕の声をかけすぎていっぱい迷惑かけて
皆を転倒までさせてしまってしまって。皆 ごめんね。私めんなさい。
今日 1日千本まで疲れて 身体がすごく痛いです。皆 ついてきてくれてありがとう
僕も練習中、こけてけがをしたり、いろう復帰を絶対けないと～なし、グループの皆にかに
はけたくないです。

今 19：20分に作業の時間があって 皆が晩ごはんを食べた後、自分で皆に
「今のつらさもそくれるだろう」と伝えた。僕は あと皆が博を持としてまとまっている
経営の全てと茅で、次～と、れば これからもっと頑張る、ガんバろ、と話に
なりすごでたかなと 自分では すごい嬉しかったです。でも ついて上田くんに「いつか にゃってくれてありがとう。
今日 1長特練したのは けがの右脂を、こうな長よ良くなってたへって思った。たぶんガデュで 1番 嬉
しかった 男児び、と言って、くだの方に 嬉しかったです。僕には ついた上田くんのグループのため
物的結果に なにか る感じがなめいいです。ほんと 僕も 1番 一勝たかなけて、本当 集中について来てくれてます。
これだけに練習、できって言ったら、皆が前で結束している、これがいろ伝かったです。
まだこのチームで自分の声に思ってスキップするのも、メンバーが皆で成長でというのなきです。
このチームで勝ちっうです。 脇って笑って、跳びて 考んで 勝ちたいです。明日も 休蒙ファ。
　　　　　　　　　　後藤 威尊

6.6.日

今日は昔の自分からのメッセージと、親からのメッセージがありました。
僕は親に感謝の気持ちを伝えています。帰ったら ちゃんとお礼を言います。
「今の自分の努力に未来の自分が感謝する」

母親 の好きな言葉です。良い言葉ですね。ファイナルでの 後藤威尊がデビューに
選ばれて、過去の自分の努力に感謝できるようになれたです。あのとき一打一打 とえらい
練習できって良かったなぁ。

残り一週間を切りました。本当に今からの練習量で結果が大きく変わります。
僕は6日版、不足上手で、デビューしたいのうで 嬉しい立えて始められたいです。
本当に 一打と 大みなに 練習です。

良いことを思いつきました、疲れが夜の練習は 脳チにエネルギーが分かるので、
朝と大めにします。ウレ早起きに、ストレッチして 朝飯よろく食べ、7時に皆ままでに
練習する、これ日雪～。

ダイガい ハゼんへ ゼストこいいっサラ ナガビクタ

　　　　　　　　　　後藤

小林 大悟

2021年 3月10日（木）

ダンスや歌でなにかを伝えたいのであれば気持ちも大事だけど、それには技術もないといけない。今日2人のトレーナーの先生にたくさんのことを学んだ。この1日で自分は大きく成長できたと思う。ダンスでぬくところなんて1つもないし、どこを動かすかイメージするだけですべてが変わった。今まで笑顔とか表情を自分で作っていたけど、それは違うと思う。ずっと表情を作ることに疑問を持っていた。ダンスが楽しい、みんなでやる、自分を見てくれ、という気持ちが自然と表情に表われる。僕は表情を作るのではなく、自然と出てくる表情こそが人を惹きつけると思う。自分が毎日成長していると感じていて毎日が楽しくて今まで生きてきた中で、なにがこんなに夢中になれたことがなかったからとても嬉しい。こんなに頑張らせてくれて、場をくれて、なにもかもサポートしていただいて、たくさんの人達のおかげで今自分が頑張れてるということを絶対に全員忘れてはならない。サポートしていただいている分、僕も今まで以上に全力で何事もとりくむ。僕はこのオーディションにデビューしに来た。あきらめかけた時もあったけれど、覚悟を持って、自分を信じて進んでいきたい。みんなは笑うかもしれないけど、僕は絶対スーパースターになる。絶対後悔したくない。もっと堂々と、それでも謙虚に。Let me fly

小林 大悟

6/11

今日は最後の練習日でした。昨日「ONE」のチームで円になって手をつないでレミオのピアノをさせました。オーディション会場に入るとき直前までJO1さんのMAMAのパフォーマンスを見て。絶対に夢を叶えるともう一度覚悟を決めた時。家を出る時、家族に夢叶えて帰って来ると言ってきたこと。レベルわけテストでたくさんの人に不快な思いや迷惑をかけてしまったこと。その時泉で水を飲ませてくれておちつかせてくれたこと。たくさんの人がはげましてくれたこと。くじけそうな時、なにもわからなくなってしまった時、辛い時、いつも誰かが自分をはげましてくれて、一緒に走ってくれて、背中を押してくれました。他にもたくさんのことがありましたが、今までの道のりを思い出すと涙が止まりませんでした。感謝の気持ちでいっぱいでした。自分をたくさん見つめあげました。そして今日応援動画を見せていただきました。本当にありがとうございます。たくさんの方への感謝の気持ちを、最終フィナーレで夢をつかんですべて返せるぐらいのパフォーマンスをします!!

小林 大悟

6/12 やったります。
3人で最高のパフォーマンスを。
感謝の気持ちを。
絶対に夢をつかもう。   小林 大悟
まじでやれ!!!!

小堀 柊

3・14・日・

今日はテーマソングのPVをさつえいしました。自分のパートはすくなかったし、ステージにもたてなかったけど、自分の中ですごく楽しく、楽しみながらやることができました。Fのみんなは面白い人ばっかりでくるしい日もがんばることができました。最高のFチームになったんじゃないかなと思います。これから他のチームになって、バトルすることもあると思うけど仲よくしていけたらなと思います。そして、自分はこのテーマ曲をとおして、たくさん成長することができたと思います。再レベル分けテストをした時、自分をだせなくて、ステージを楽しめなくてFになったと思っていたけど、そこを課題として練習をしたことで今があると思います。今日1日すごくたのしめました。練習生、そしてささえてくださった方々、ありがとうございました!!

小堀 柊

3・16・火・

今日からグループバトルが始まりました。自分は最後まで呼ばれずに結果、四ツ谷くんのチームに入れさせてもらうことになりました。一番入りたかったチームに、今の気持ちや思いを伝えた結果、入れさせてもらうことになり、すごくうれしかったし、力になりたい、そして、なれるように、これから練習をがんばっていこうという気持ちです。そしてこのチームは木村さんが選んだアベンジャーズと戦うことになりました。今のメンバーは相手チームに負けないメンツがそろっていると思うので全力でぶつかっていきたいと思います。

小堀 柊

阪本 航紀

21・2・28・日

本番同様の衣装を着て、練習するようになった。
僕達は、「ジャケット」がコンセプトで、まとまりがでて
ダンスや歌のパフォーマンスもみえ方が練習着よりも
綺麗にみれた。
2月も早いことに今日で終わり。明日からは3月。
小学生の時や中学生くらいの時よりも、時間がたつのは
はやいなと感じることが年をとるほどに感じる。
この現象は皆感じたことがあるのではないかな。
それに気づいた高校生の時、気になって調べてみたら
科学的にこの現象には名称があって、「ジャネーの法則」というらしい。
科学的にも年をとるほど体感時間が短く感じることは、
いわれているんだなと、思った記憶がある。
1日1時間、1分1秒大切に生きなくちゃ〜。あっという間に死。

今撮った
プリクラ
→

まだ未公開だけど
ジャケット
マリナーズ
です
↑
マリナーズ
でした笑

阪本 航紀

6/1 (火)

1月から始まったプデュが、もう6月になった。
改めて、今までのことを思い出すと、楽しかったことも
辛かったことも全部全部今をつくってくれてると思う。
毎日、練習できることへの感謝と練習生へのリスペクトを
忘れずに大切に残りの練習も臨みたい。
ファイナルで歌わせてもらえるバラード曲が今日
知らされて、デヴィさんが手がけたと
聞いて、夢のような気持ちだし、本当に人生で1番
好きな曲だと思った。
中でも僕は最後を締めくくるキソングパートを
いただいたので、皆からのバトンパスをしっかり
受けとって、想いを全部のせて歌おうと思う。

阪本 航紀

佐久間 司紗

今日レベル分けテスト前の最後の練習でした。これでこのチームメイト
とも最後なのですごく悲しいです。れいじ君は1番年上で、自分達を
まとめてくれました。みずき君は2番目で、歌など教えてくれたりもりあ
げたりもしてくれました。本当に大好きなお兄ちゃんです。なので2人に
はAひようかと言うプレゼントをあげたいので3月3日はA送ります。
本当に最高のチームです。
2021.3.1

佐久間 司紗

2021・3・24

今日は、グループバトル当日でした。人生で初めて国民プロデューサーの方
にパフォーマンスできました。自分は本気で国のために、パフォーマンスをしたので気
持ちが伝わったと思いました。でもバトルでは本当のさとう君に、負けてしまいました。
自分は本気で練習してきたので、くいは無いです。こんなきちょうなけいけん
をさせていただき本当に楽しかったです。人生でこんな最高な事をできるのは本
当に1回しかないので、けいけんできて良かったです。これからもっとガンバってぜったい
デビューしてみせます。

佐久間 司紗

2021.3.6.

今回は再評価でした。結果はC→Bでした。
Aクラスになれず悔しいですが、この短い間に
一つ大きく成長出来たので前向きにがんばります。
そして、本番にはAクラスのメンバーよりも上の
パフォーマンスを出来るようになることを約束します。

笹岡秀旭

2021.3.24.

本日はグループバトル本番でした。
今まで練習してきた成果は出せました。しかし
あと一歩、6票という差で負けてしまいとても
悔しかったです。
でも何より楽しかったですし、国民プロデューサー
の皆様に直接会ってパフォーマンスが出来て
とても嬉しかったです。
応援してくれる人達をより大切にしようと
心に決めました。

2/22

僕たちは1つ約束をしました。
それは、絶対3人そろってデビューすることです。
まだ1日しか一緒に練習していないです。
ですが3人でたくさん話し合って1つの物を
つくっているとき本当に楽しかったです。
もう、ほんとうに楽しかったです。
2人にはなぜか全然気を使わず、
思ったことを正直に言えて、一緒にいてとても
楽です。昔から友達だったような気分です。
そんな2人と一緒にデビューできたらどれだけ
楽しいか想像しただけで鳥肌がたちました。
また1つ僕の夢が増えました。
これからたくさん壁が立つはずかなと
思いますが3人で助け合って

絶対デビュー

リカミます♪♪♪

と思った1日でした。
　　　長くなっちゃいました。
　　　　　以上です。
　　　　　おやすみです♪

5/28　佐野雄大

今日は、順位発表式でした。
本当に色々な感情でぐちゃぐちゃになりました。
明るいなー一緒に色んなことを乗り越えてきた仲間
との思い出がたくさん頭をよぎりました。
そんな中、順位発表の時間が近づいてきて、
でもみんが明るくてほんとに今から半分がいなく
なるなんて実感が全くわきませんでした。
どんどん順位がつけられ始め、この前のダンスツリ位
の12位らへんまでいって名前がつけばといった時
に自分の名前がつけれなくて正直、おかった
のかなと思い始めた体が震えてきて、手がしびれ
てきて息がしにくくなってきてほしんどそうで
倒れそうでした。でも9位で名前がつけばた時、
ほんとに安心して泣きそうになるくらい嬉しくて、
感謝の気持ちでいっぱいでした。そして浪速のダンス
で3人全員デビュー国内で呼ばれてほんとに嬉しかったです。
でも落ちてしまった人たちを見て悲しんでた泣きそうにも
なりました。つらかったです。落ちてしまった人たちの分も
精一杯好かして成長して。てファイナルでは、
おしい、ミリぶらかましてやろうと思いました。
こんなに素敵な経験をできていることがあり
がたすぎるので、ずっと感謝を忘れずに
絶対にデビューがみれるように頑張ります!
みんな見守ってな! F からの 軌跡!!!

PRODUCE 101 JAPAN

篠ヶ谷 歩夢

3/9

今日は、日記をいっぱい書こうと思います。今日はセンター決めがありました。どうせ同期なのかなって思いました。いよいよデュオが始まったなと思いました。僕は木村くんを置きました。動画を見て即決しました。ビジュアルも、ダンスも、センター向きでした。木村くんがセンターなら、自分たちも、ゆるくくらい上手いんじゃないかと思いました。それくらい木村くんはすごいです。

頑張ります！今日は、Cクラスのみんなとお疲れんサマンサで解散を個人個人な気がしてたんだけど、18班ごろから、急に集まりはじめて、10時までがあっというまでした。やっぱり因果力がすごいんだなと思いました。僕は大和田歩夢くんのことを上諏ってよんでるんですよ。そしたらみんなよびだして、流行るって言ってったりがあって嬉しかったです！ はいし 上諏がでたら、千沢直樹って大和田上諏からとりました！

DクラスとBクラスとみなあいこをしたんですけど、Cすがーでってこと嬉しかったです！ AをもFをもやりたいです！明日も頑張ります。

3/24

最終日でした。ついにこの日が来てほしいました。自分の人生の中で一番のキーポイントだと思います。いままで一番頑張りました。結果は6票差で負けてしまいました。とても悔しかったですが、先の強いチームにここまで戦えた僕らは本当にかっこいいと思います。近者だからこそ上討に悲しくて、悔しかったです。僕は、その中でも9票でした。チームにこうけんもできませんでした。正直に、自分が最下位だとは思っていませんでした。僕は、こんなもんだ実力だったんだと思いしらされました。こんなに泣いたのは人生で初めてでした。次のステージ行けない可能性が大きくなってしまって、特に俺にって親に帰てから話すときに、がっかりされてしまうのを想像なくして特に大らいれません。まだ結果が決まったわけではないですが、まがりまっな人が何人もいるので僕は28位でも、危っいと思います。

でも、頑張ってえた自分を信じて、次の合宿までによりパワーアップしてこようと思います。

絶対に次に上がれる！絶対にデビューする！自分に負けないように頑張ります

篠ヶ谷歩夢

篠原 瑞希

3.7

★Bクラス最初の日★
今朝はじめてBクラスのすいじ色のビブスに袖を通した。これまでずっとグレーの服を着ていたので「色がある」、というだけでとても嬉しくて、気分が高まった？
Fクラスから昇格した仲間たちが色つきのビブスを着いてのも嬉しかった。
★Bクラスでの練習★
僕と同じTOKYOブラザーズの福島岑士くんが指揮を取って、2番の振りつけを教えてくれた。
でも教えてくれている最中に福島くんは足を痛めてしまった。精神的、肉体的に負担をかけてしまっていたのではないか、と反省した。誰かひとりに負担がかからないよう、支え合う必要があると感じ、福島くんの足の回復を祈ると共に、福島くんの負担を減らせるよう僕もできる限りのことをしたい。
★Fクラスへの思い★
仲良しの多和田くんがFクラスに配置され、とても不安がっていた。だから、Bクラスの中で余裕のある人はFクラスに行って教えてあげればいいと伝えた。話を聞くと、Fで引きつづき頑張っている中村くんからメーカーなりいろんなクラスのメンバーが教えに来てくれているらしい。僕も自分のやるべきことが一段落したら、Fクラスに行って何かお手伝いできたらと思ってる。特にFの中でダンスを負担とする小堀くんは、かつての僕と同じ境遇で負担を感じているかもしれないので、何かできることがあればしたい。 篠原瑞希

3.24
★国民プロデューサーの皆様の前での初披露★
チームの皆の様子を見ていると、緊張はしていたけど、楽しそうな感じだったので、これは良いパフォーマンスができるのでは？と思った。その予想どおりステージでは自分も皆も心から楽しむことができたと思う！
★結果は…★
僕たちが勝つことができた。とても嬉しかったけど、相手チームの皆を助け合ったり、高め合ったりしたので、自分も皆も複雑だったと思う。それでも、皆で掲げた目標を達成できたことは誇らしいことなので素直に喜びたいと思った。波留や透貴が泣いているのを見て、それぞれセンターやメインボーカルとしての重圧があったのだなと思った。やっぱり波留がセンターとして一番輝いて多くの票を獲得してくれたし、この曲はメインボーカルの見せどころが少ないにもかかわらず透貴は実力で多くの票を獲得してくれた。この6人の誰かひとりでもいなかったら、このような結果は得られなかったと思うので、グループ決めの時にこの6人がまたびっくと集いってくれて良かった。また、玉入れは最下位だったけど、「LOVE」という僕たちにぴったりな楽曲が残っていて本当に良かった。もちろん、自分も含め皆もたくさん頑張ったけど、運も良かったなとも思う。

篠原瑞希

4月30日

今日は第一回順位発表でした。

自分は今まで、のPRODUCE 101をたくさん見てきましたので、なんとなく順位発表の風景は知っていたものの、いざ自分が体験すると、想像以上に辛いことでした。

自分の順位は予想通りの下位でした。実は密かにもう少し期待していたので、なんとも言えない気持ちでした。オンタクトから5位下がって、デビュー圏内から落ちて、すごい悔しい気持ちでいっぱいですけど、もう悔しがってる資格なんてないです。なんでかというと、もうランニングですでに40人の仲間が落ちてしまって、自分がこんなところで、グチグチするのは、40人の練習生に対して失礼なことだと思います。

大島くんの言ってた通り、「ここで起きた全ての出来事に意味があり」今自分がデビュー圏外に落ちてしまったことも、きっと意味があります。これからもそのことを目指します。

もう上しか見ません。

教えてた練習生の中、ずっと一緒に頑張ってきた 北山くん、番組で仲良しの木村拳くん、佐久間くん、三佐と川くん、Bクラスで皆を引っ張ってた福島くんなど、まだまだ一緒にステージを立ちたい練習生がたくさんいます。感謝と決意になった瞬間、思わず涙を流しました。

本当に彼らの分まで頑張らないと。

明日からは恐らく次のバトルを目指して、グループ決めや練習が始まると思いますが、気持ちを切り替えて、頑張りましょう。

許豊凡

Finalまであと **3** 日!

6月10日

今日も一時接われ様でした!

今日も一日中Finalに向けてたくさん練習しました。

そして、なぜか午後からずっと、心の中モヤモヤして、やっぱりFinalだから、結果を気にせず、パフォーマンスだけに集中しようとしても、どうしても不安が残ります。

Rinoさんのレッスンでは、正直に「怖いです」って言ったら、Rinoさんに成長が見えてるという風に言われて、すごく嬉しい　けど、自分の中では、この不安が解消されない限り、　　自分的にはいいパフォーマンスができると思いません。

その後、⑭Piano Ver. のLet me flyを聞いて思いっきり泣いちゃいました。

今は辛いけど、きっと、きっといつか、「奇跡を咲こるんだ」。

最後まで、気を抜かずに頑張りましょう。

許豊凡

3月2日

合宿9日目。いよいよ練習生との交流も解禁となって、今日1日で友達が沢山できた。自分はまわりの人以外に一人見知りで、自分からはるか遠いな話しかけにいくことがとてもない性格なので、今回現也へ行くとき日とも緊張していたが、今回の練習生のみんなが本当にやさしくて、話しかけてくるナイスな人ばかりだったのでとても安心した。自分の青チームは、21才の同い年の人が多くて、タメ口で話せる人がいっぱいいてすぐに、うちとけることができた。そんな中でも、藤牧君と仲良くなれたことが今日一番の喜びだった。自分のオンタクト許也と見た時から、藤牧君の歌にきき惚れて、また先にこの人と仲良くなりたいと思っていた。あたがいに武器は歌で、ライバルになりうる存在でもあるからこそ、仲良くなって、高め合っていけるような良い関係になれたらと思っていた。前のインタビューでも、歌がようと思う人、仲良くなりたい人、ライバルになりそうな人全部に、藤牧君の名前を上げていた。そして今日、いざ本人に話してみいいたら、自分と全く同じ反応で藤牧君も同じことを思っていたことをしって2人でとても喜んだ。お互いじゃなくて嬉しかった。これから、藤牧君と2人で、高め合めって、いけたらういいなと思っている。まずは明日レベル分けて同じクラスを目指せたら良いなと思う。順位に関しては、正直、あまり嬉しいとは思えなかった。8位は、まだ安心できないと思う気持ちと、1回目からデビュー圏内に入ったことからのプレッシャーを感じている。もっと上の順位をめざすと、デビュー圏から死守することを頭からはなさずこれからがんばろうと思う。

高塚大夢

6月10日(金)

ファイナル前日。いよいよプロデュ6クライマックスである。ファイナルが始まった当初は不安でいっぱいで、どうなることとか思ってったが、今やメンタル的にはとても良い状態である。グループバトルの時の果てなが戻ってきたような感じがする。このままの勢いって不着子でいたい。

高塚大夢

6月11日(金)

ファイナル13日目。今日は練習最終日だ、このプロデュース101JAPAN全てを通して最後だった。本当に、ここまで来れてよかった、と思う。こうやって最後とかみしめてるから練習できるのも、それを　この日にしかけるのも、ファイナルに来られたからだと思う。とれを噛みしめ泣すら、噛わって、しまた他の練習生のことを考えると、今自分は本当に色々な人の思いを背負って毎日をすごないといけないと感じる。スタッフさんのムービーを見た時も、自分は本当に多くの人に支えられて今ここにいるしたということを改めて実感した。その分だけ、自分は歌やパフォーマンスで自分ごろの分・も含めて、自分の持っている最大限の魅力をみせて、感謝や恩返しをしていきたいと思った。それが、自分の果たすべき使命だと思った。残りの2日だが、2日後、自分は絶対にデビューして、アイドルとしての高塚大夢として、新しい人生を歩みたい。

高塚大夢

髙橋 航大

2021年 3月14日

今日 LET ME FLY の本番をやた。この曲は自分たちにとって宝物であり、人生の道や思い出もある曲になた思！
そして 改めてこのオーデションに出られて 色んな人にお会いて 思い出ができてて 今は大変だけど 幸せな人生を 送れてる 気がする！
このために、101人の思いと 60人の思いが あり、そしてこのオーデに関わる方々にも 思い出ができたこと に かんしゃを 前後踊った時、本当に あとにいた皆と 同じ気持ちになた気がした。感動したし これた60人 皆で 踊れるのさいごだと 思ってかなしさもあた。
スタッフの皆さんと 皆が 1つになってできた 達成感を忘れない。
いつも思うのは、自分1じゃ 何もできないって思う。皆がいるから できるし 自分1を かがやけるんだって思う。
おうえんされて かがやいてる 自分を 早く みてみたい！
残りの時間を 大切に していこう！
感謝を忘れない！

髙橋 航大

2021年 3月2?日

今日は、グループバトル 本番だった。
本当に 1週間 ハイポ ンルテーこという名前つけたこの仲間と アゲハをできて 夢みていたための 皆の前で ひろうできたことが 本当に 幸せでした。
ぼくは、めぐまれているんだ なって思う。
7月ほど、監督のみなさん スタッフの皆さん こんな ぼくらに めいわくかけてばっかなのに 優しく 支えて下さり ありがとうございました。
あとは 結果を まつのみです。ここまで 全力で がんばれたと思う。そして この 60人、101人に出会えたことに 感謝を して 家族にも 感謝を 忘れず がんばっていこうと 思います。
いつか もっと かがやけるように 次の 준備！
がんばります。
デビューするぞ。

髙橋 航大

田島 将吾

2月22日(月)

隔離期間があり、ついに今日から クラス分け評価に向けて、練習がはじまった。チームは、れんたと2人で、れんたの事は、練習生が公開された時から気になっていたので、一緒にやることになって、うれしかった。2年間韓国にいたことと、RAPが好きなことが共通していて、すぐに話をはずみ、打ち解けた気がした。
もっとたくさん話をしたいのだが、練習する時間は限られているし、日数もあまりないので、頭も身体も100%フル回転させて、今日は練習をがんばった。しっかりと計画を立て準備していこう !!! ファイ皇 !!!
れんたと今日初めて会ったのに、もう兄弟みたいな感じに～～
一緒にデビューできるように！ 2人で Rapperとしてデビューできるように !!
明日をがんばろう！ おやすみ zzz
田島 将吾

2月23日 (火)

今日は、練習2日目、とりあえず振りも位置を最後まで整理して覚える事ができた。あとは、細い修正とディテールの再確認と曲での反復練習だ。体に歌もダンスを染み付くまで、練習だ～!!
それと今日は、zoomで歌のレッスンを受けた。パート割りの整理だったり音程の変更だったりと、色々と修正をして頂いた。高音を出すのが、2人とも苦手意識があったが、そんな意識は捨てて、お挑戦するのが、良いというのを改めて再認識することができた。
練習日数も限られてて、「La Pa Pa Pam」を 難しく、心配不安が、大きく

5月2日(日)

今日は、リリックを完成させることを目標に1日が始まった。
個的には、午前中の段階である程度形ができて、午後には、かけ合いの部分まで書くことができた。
その中、西くんが少し行き詰っていて、時間がない中やるのは、焦りし不安になるし、より良いモノを作りたくなる気持ちが、わかるから、少し心配になった。
夜の時、3人で話し合いをしたのだが、そこで西くんも理人も本音を打ち明けてくれて、行き詰っていた部分が、少し解消されたような気がした。
助たちのチームは、期待値が高いと思うから、絶対に成功させたいし、助で助の自信を無くすようなステージは、絶対に作りたくない。明日も 動ド！

田島 将吾

多和田 大祐
3・6・土

今日はレベル分けテストの当日と結果発表がありました。練習でできていたことが本番でできなくて初めてみんなの前で泣いてしまいました。結果はDからFになり、すごく落ちこんでいたんですが、みんながなぐさめてくれて、決めたことがあります。それは、自分はこのFからシンデレラストーリーを作って、でやる。ということです。つらいのは自分だけじゃないので自分もみんなのことを支えながら自分もたまに支えてもらいながらがんばりたいです。最後に親と電話しました。今までの思いが全部出てきてほぼ大泣きしてしまいました。「とにかくがんばるね」と言って電話を終えたので、親にも国民プロデューサーのみなさんにもいい姿をまた見せられてない気がするのでもっとがんばります。

多和田 大祐
3・23・火

今日はリハーサルでした。
ものすごくきんちょうしてしまい、表情のコントロールができなかったです。ですが明日は国民プロデューサーのみなさんの前でおどります。きんちょうを見せず完璧な姿でステージをひろうしたいです。ステージをすごくかがやいていたので、自分からも全員がかがやけるようになりたいです。

「集中攻撃」

3/6 金曜日
再評価取り百日。結果発表は夕方過ぎと言う事でビビりする1日になるんかと思ったのですが、意外と手前に戻ってる動き出ました。テスト中は今の実力を十分に出す事出来たと思います。ちゃんのみんなも良い顔をして踊っていたと思います。結果発表の瞬間がやってきてBチームの評価をみた時、一番に思ったのは最初の決めたた「全員でAチームに行く」と言う目標が後もう少しだったのに力がおよびませんでした。10人中6人がAチームに上がる中2人が残留、2人が降格。チーム全体の評価をうけながら悪くは無いとは思いますが降格してしまった2人にもっと教えられた人はないのか、もっと一緒にしなくてはならない事があったのではないかと苦しい気持ちがあります。僕がすごく技術をもっていて訳ではないですがサポートか周りを見る力が足りなかったと思います。明日からまた別のチームで練習が始まりますが、Bチームのような結果にならないように、反省点から学びます。個人的にはがらんが抜けて、ずっと西名の背中を追いかけていたのでまた一緒に踊れるのを楽しみにしていたのですがまさかの西名が降格してしまって悲しいです。どうしようもない感情です。
ガランが落ちるとしたとしても僕の目標はセンターをみたいなパフォーマーになる事は変わらないので引き続き背中を追いかけたいですすってビリ君もすぐに上にくると思いますので今度は僕が待っていられるようにします。

3/24 本番当日 グループバトル
結果から発表すると勝ちました。ですがすごくモヤモヤしています。理由は自分のチームの投票数は全体的に少なくて、ひるまの108票で逆転勝利する形になりました。それだけだったら良かったのですが、自分自身の票が7票しかなくてチームに申し訳なくなりました。もちろん僕に投票して下さった方が7人もいると考えると有り難いです。しかし上位11人に入ってデビューする事なんで、眠プロデューサーの信頼を得られるように次の舞台までに充後しています。
精一経ありたくないです。

テコエ

寺尾 香信

2021.3.24.
今合宿全日程が終了した。初めて国プロのみなさんの前で、パフォーマンスをした。結果は等級 52位、ベネフィット 2位、チーム 1位。今でもまだ実感が湧いていないが、あちんメンバーのみんなのおかげだと思う。終わり良ければ全て良し。次の合宿もがんばっていきたい。

今合宿过った日数　3

寺尾

5/6. 今日から「ONE」の練習が始まった。初めにリーダー決めを行った。今までの感謝(仲間への)の気持ちとしてとても最後だがというのもふらであったが、結局リーダーにはなれなかった。ただこれに関しては、まさか〇〇がリーダーになってくれたので、何の心配もない。(というかまじありがとう)。問題は明日のセンター決めだ。ファイナルまで残ってはいるだけあって、超実力者がたくさんいる。その中で 1番にならないといけないのは大変だろうが、とにかく今、持てる力全てをぶつけて、絶対にセンターを勝ちとって見せる！！

内藤 廉哉

3月1日
このチームでやる練習は今日で最後か～
ちょっとさみしい。
でもやっと明日から始まるなへ。
ファンとして見ていたあのセットでパフォーマンスできるのかい、不安もあるけど、やっぱり楽しみだなへ。
見ている人たちを笑顔にさせるようなパフォーマンスをしたい！という気持ちが大きい。そのためには自分たちが楽しまないと！
正直心の中は"不安、不安、不安、不安、不安"って感じだけど、そこは押し殺して頑張る。
まず明日は顔合わせかな。
そこは楽しんで観よう。どんな人たちがいるのかな。
1位の席のとりあい とかするのかな？
ちゃ～楽しみ。ここまできたら楽しまないともったいないわぜ！て気持ちで臨もう。もっと。
コロナの中でいろいろ大変だけど、それ以上に運営の方たちの方が大変だろうからめっちゃ感謝だな。いろいろな人に支えてもらってあのステージに立てていることを忘れないように。
I wanna be a pop star！
内藤廉哉

最高のステージをひろうすることができた。それもうれしかったけど、現実もあって、個人票の順位が発表された。
自分は 50位だったけど、上位の人とそこまで差がなかったのであきらめていない。そしてベネフィットも加えると 30位以内に入ることができた。
何よりうれしかったのは 10チームの中で 1位だったこと。
あの感動は一生忘れないし、モチベーションを上げるために「10チームで1位になろう」と言っていたが、まさか本当にできるとは思っていなかった。そうそうたるメンバーたちがいる中で自分たちが勝てたのは本当にうれしい。
願票として、衣装を変えてのパフォーマンスが公開されたり、なんて！地上波で自分たちの姿が公開されるということで、多くの人に知ってもらえるということですごく嬉しい。
今日は今までの人生で一番うれしい日かもしれない。いや、そうだろう。
もっと言いたいことはあるけど、ページがないので
リーダー、みずき。本当にありがとう。リーダーとして最高でした。
センター、なる。センターの重圧を背負ってくれ～ありがとう。センター似合ってるよ！
×ば。ハルキング。犯上手まき、在籍で悩んでいたけど、自分らしさを忘れずに。ダンス、ケン。ケンはこの曲に本当にあっていたよ。ダンス上手さ！
笑顔、こうしん。こうしんの努力と笑顔は、一級品！かわいすぎ！
自分。連絡みでこのチーム選んでよかった。みんなありがとう！
内藤廉哉

中野 海帆

【Goosebumps 始動～8 men馬～】　5/2

なんと急な　順位発表(現1)があり、前回のポジションよりもしのベネスット込みで"5位"まで昇り詰めることができました。今さらに実感は無いですが、ベネ無しだと25位とかなり危なかったので、もっと国プの皆様 1pickになれるように見せ場と存在感を出して、積極的に頑張っていです。デビューメンバーに必要なメンバーと思ってもらえるようにこれからも海外ワールド全開でぶちかましますそして、ついに、コンセプトバトルのメンバーと曲の決定しました。"Goosebumps"でした！予想通りでしたが国プの皆様が期待する絶の上を目指し、ステージで披露します。絶対に勝ちに行きます。最終メンバーが集まりいきが全く油断はできません！毎日毎日を130%の練習で挑みます。振り付けに関してですが、正直ナビの動きのクルーツ良かますですがそこを完璧に力でこなすまで頑張ます！絶対にメンバーが全員使えるか最強集団かとうとう見えるふしほど練習して燃えたぎりたい。チーム "8 men馬" 輝きます。ラップパートもかなり高音できた新たなラップができそうで、ワクワクします。今後の 8 men馬が大変楽しみです。ライバル視するチームは SHADOWでのパフォーマンス。曲のエンターテイメント性に溢れてて、メンバーがその曲をしっかりと生かせるほどのスキルを名れ者揃いなので、とてもお互い刺激つよい関わりなのです。この Goosebumps の Hip Hop、強パワー、グルーブ、TRAP、音楽、ヘビーなどの色を最大限引き出し、会場を圧倒したいです。

Runway～練習 1 日目　5/29

リーダー Toma、ダンスリーダーたじを中心に今日の練習が進みました。このお二方には特に本当に感謝しています。練習がすばらし良いて、ハードでとても充実できました。僕は副リーダーとして、Tomaを支えていける存在になれるよう、招むます。Tomaとは特に親密に仲良したですし、分かり合える 関仲なので僕も力になりたいです。しかし今回一つの大きな壁にブチ当たりました。"振り入れ"です。振り自体は覚えてはすすなのん何なが、曲とかで、踊みと所々滞んでしまいっています。ダンス面でのたじて、Tomaを支えるよよまうに自分に厳しい頑張ったんですが、今は 振り入れと頭の一杯な状態なのか、正直アウトアウトの時間をかけてでもしっかり自分のものにして、他のメンバーのサポートにもなれば良いと思います。とはいえ、明日はセンター決めの儀式が始まるので、今日からとく、努力して、自分に勝て明日に備えるのみです。曲の雰囲気や、特性的にセンターを置いてくれる可能性が低いと思いますが、悔いのないようにやり切ます。センター決めが終わると もう激闘の練習が始まります！できれば 明日中にすべて、振り覚えとこると 全体の精度更に自動上がるよになりたいです！

仲村 冬馬

仲村冬馬

2月22日(月)

今日はレベル分けテストのチームが発表された！
僕はなんと！アントニーくんとシューくんと同じチーム!!
ビックリ And うれしい！
Training day 1 は 歌のパーツ分け & Intro の Choreography をやった！
Choreography は最初のイントロが僕担当でそのあとがシューくんが作ってくれた！So cool!
明日の Training も楽しみ！
アントニーくんとシューくん大丹きだわ～

"A" stand for ASIA

A Team 最高!!
by TOMA

6月11日(金)

今日がホテルでの最後の日。朝最後に ダンス動画とった時すごく楽しかったしすごく気持ち良かった。制作側もみたけどパフォーマンス みるすごく良かった。GUNMA に 移動した時、ステージ見て、ビックリした！すごく大きい。センター、メンバー達々 すごくだんけつして一つになって、家族のようになっているけど、不安とかがあがるのみんちっうは 絶対する、本番 プロとして アーティストとして、そして アイドルとして おもいっきり楽しんで、キラキラかがやくぞ！

頑張れ 冬馬！デビューするぞ！
冬馬！YOU CAN DO IT!
DEBUT IS RIGHT IN FRONT YOUREYES!
デビューは もう 目の前！
最高の冬馬をおもいっきり みせるぞ！
デビュー デビュー
デビューするぞ！

西洸人

2021.3.9

今日はセンター決めの日でした。
正直とても悔しかったです。悔しくて、悔しくてこの自分が
素直に喜べませんでした。
僕があの日再評価でミスをせず自分を出しきれたら
「A」に残れて、センター候補に登りつめることができたん
じゃないかと思うと本当に胸が苦しかったです。
「C」になった時点でセンターを狙える希望がなくなって
しまったのが残酷さを感じました。
まだ良いアクを見せれてないのでセンターはとれなかったけど
も、とても、良いパフォーマンスをできるようにしたいです。
　　　　　　　　　　　　　　　　　　　　　西　洸人

2021.3.24

今日はグループバトル本番でした。
今まで練習してきたことをぶつける日が来ました。
自分達の出番が近づくに連れて緊張が増していきましたが、
これじゃダメだと思い楽しむんだと自分に言い聞かせました。
再評価の時のようなヘマは2度としたくなかったからです。
本番は始まったままの自分の姿で楽しく気持ちよくパフォーマンスすること
ができました。それだけでも悔いはありませんでした。
　ですが、結果発表では相手チームに勝つことができ
たのにも関わらずなぜか、悔しく複雑な気持ちでした。
2組とはお互い高め合い、刺激し合って共に良いバトルの
夢、season2を盛り上げていこうとしていた仲なので、
2組の頑張りや、悔し泣きをしている姿を見ると、自分まで
も悔しくなってしまい、本来ならば勝って喜ぶはずが、
複雑で素直に喜べませんでした。
　また、歌を教えてくれたたくみ、一緒にラップを担当した
しゅんせい、センターリーダとして支えてくれたまさやの
気持ちを考えると胸が苦しかったです。
　僕はここで勝ち負けの勝負よりも、仲間との過ごした
時間の中で生まれるきずなの大切さについて知ることが
ができました。
ここでの時間は　僕を変えてくれました。
　　　　　　　　　　　　　　　　　　　　　西　洸人

西島 蓮汰

2021.3.24

今日はグループバトルの本番でした。そしてはじまる前までは
めっちゃきんちょうしてました。でも実際ステージに立ってみると
たくさんのファンの方がたがいて早くおどってパフォーマンスを
したいと思ってました。結果は負けたけどくいのないように
今まで積み重ねて練習して来た成果を発揮できたと思う。
この6人で一緒のステージに立てて本当に良かったなと感じた
僕をおうえんして来れるファンの方がたに感謝しかありません
ネームプレートなど見て、もっと頑張って良いすがたをお見せします。
　　　　　　　　　　　　　　　　　　　　　西島蓮汰

2021.5.28 金

今日は第2回順位発表があり、
ここ最近3日前ぐらいからとてもドキドキしていて
次の順位が上がってほしいと願っていました。
そして発表式の時にモニターに4人の顔が映り
だされた時に、僕の顔があり本当に夢のよう感じ
した。そしてまさかも4位でしたが、オタクの母がさ
10位だったので少しずつ1位に近づいていて
良かったです。
そして次はファイナルなので、そこで1位を
取れるように頑張ります。
そしてだっらくしてしまった方の思いを背まって、
絶対にデビューしようと思います。
　　　　　　　　　　　　　　　　　　　　　西島蓮汰

3/1(日)
　今日はついにテマ曲のパフォーマンス収録でした。
一言で感想を言うと、めちゃつかれたけど、めちゃ楽しかった!!
本当に自分はプラムにでていて課題曲を踊っている人だなと
実感しました。
　最後に60人で思いをこめて踊った時は色んな思いが
こみ上げてきて、泣きそうになってしまいました。
このオーディションに応募した時、自分の顔が公式HPに
のった時、クラス分けのパフォーマンスをしてFになってしまった
こと、死ぬほど努力をしてCにとよかったことなど、この合宿
のことも含め、初めて自分に良くやったと心から思えることが
できました。あんなキラキラしたステージでパフォーマンスが
できるなんて、アイドルって最高だな。
　一段落はしましたが、まだまだ合宿は終わってはいない
ので、この後のステージでも自分の持っている最大の力を
だせるよう、練習し、成長したいと思います。
　やっぱり次の合宿にも残りたいな。
もちろんデビューを目指して頑張ります
　　　　　　　　　　　　　　　　西山 知輝

3/3(火)
　今日はグループ評価のリハーサルがありました。
　ステージがでかく、Season1の時の最終バトルの
ようなステージでまういっくりしました。
　2回ほどパフォーマンスをやってみましたが、1回目は
ほとんど覚えてないくらい歌詞やダンスを間違えないかを
考えすぎてしまって、ついつい自分は表情が作れていなくて
2回目をする前にたえさんの先生方から言われたやつが心に
言って次上、少し余裕がでるようなシンプルにステージを
楽しみながら、パフォーマンスすることができ、人生で初めて
人前かつあんな大きなステージで歌うことができることが
楽しみになってきました。
　ついに明日は合宿最終日。本当に短かったような長かったような
少し悲しいような悲しいような、人生でいちばん自分と
向き合い、苦しみ、成長ができた期間ではなかったです。
色々と悔しい気持ちもたくさんあります。なので、ぼくは
絶対に次の合宿に残ってこの合宿での悔しさを晴らし
たいと思います。正直かってにずっと不安だし、次の合宿に
残れる自信はほとんどありません。ですが、こんなぼくも
応援してくださるファンのかたや、自分のために時間をつくって
くださる方々がいるので、その方々に感謝の思いを
パフォーマンスして返したいと思います。本当に短い時間、おせわに
なりました。これからもお世話になるかもは嬉しいです。
　　　　　　　　　　　　　　　　西山 知輝

3月3日
　今日は、レベル分けテストの本番でした。
ぼくのレベルはＦでした。評価されることは
初めてで、今のぼくのレベルをしれてほんとうにうれしい
です。トレーナーのみなさんありがとうでざいます。
　ほかの人はFとＤで一緒に練習してきた仲間
たちので本当にくやしいです。でも一緒に練習してきたから
こそわかる子達ですけど、みんなもっと上へのレベルに上がって
これると思います。なので、みんな抜かされないように必死に
練習はもちろん、おなじステージであがれるように
がんばりたいです。スタッフの方々、寝室で
ステージやもくらくらの2日やかわうなで、ほんとうに
くださり、ありがとうでざいます。

3月28日
　今日は本当に楽しかったです。
一生忘れられない日に成りました。そして悔し
かった日でもあります。数字で順位が出ると、よけい
悔しかったです。これが最後かもしれないけど、僕の
ファンにも支えられしとても幸せです。ありがとうでざいます。
またみんなの前でおどれたら嬉しいです。

平本 健

2021. 3. 2

今日は、収録とリハーサルで初めてグループメン以外の練習生と話してみんなやさしくて、面白かったです。16歳と聞いたらみんな「16歳!?」とびっくりしていて、自分はどういう反応すればいいのかわからなくてとまどっていたけど、話しかけてくれてとても楽しい時間でした。
自分の順位が20位でうれしかった半分もっと上へ行きたくてくやしかったです。みんなかっこよくて栗田君がとっても可愛いがってくれたりして、いっしょにフィンランドみたいなのを歌いたいです。リハーサルで、初めてイヤモニつけて感動しました。自分たちの課題は表情なのでもっとがんばりたいです。部屋で練習します。

平本 健

2021. 3. 24

今日は、グループバトルの本番でした。始まる前、きんちょうはしなかったけど、なんか少し寒くてふるえました。実際、踊ってみてとても楽しかったです。初めて国民プロデューサーの前でパフォーマンスして、自分の名前を上げてくれてる人がいて、うれしかったです。今日は、うれしい事がたくさんありました。グループバトルで、相手チームに勝った事。それに、10グループの中で、1番票数が多かった事。地上波で放送される事。本当にうれしかったです。今日で、合宿は、終わってしまうけど、地元にもどっても気をぬかずに歌の練習をして少しでもみんなに追いつけるようがんばりたいです。本当に国民プロデューサーの皆さん、スタッフさん、色々な大人の方々があるからこそ、今自分があの大きなステージに立てたと思います。感謝しかないです。ありがとうございました。

平本 健

福島 零士

3/9　合宿16日目。今日の自主練は有意義な時間にすることができた。揃えることを意識してディテールを合わせられたからだ。自分が最年長なので、自分が中心でたって練習を進めたが、練習の方向性などに疑問が、細かい振り付け阿部くんやたけるが皆のことをチェックしてくれたりで、Bのメンバーそれぞれが率先して練習に参加していたので、とても雰囲気も良いた。明日も引き続きディテールを意識しながら、表情などの表現を注目したい。また今日はセンター決めがありA全員のパフォーマンスを見る機会になった。全員が何かしらの輝く武器を持っていて、一人一人が魅力的に思えた。自分に足りないのはスキルもそうだが、この「突出した輝く何か」だと感じた。すこしリッくんがおっしゃっていた「自分らしさ」を追求できたら手が、Aに行けるんだと思った。自分もまだ、その点を追求できないで強く感じたので、合宿中に見つけられるよう頑張りたい。1日の最後には、LてDとBで見合いがあった。自分が特に刺激を受けたのは、西くんだった。体のコントロールや脱韻、踊りの追求が間違いなく上手だったので、自分を吸収できるように頑張る。
★ 和の福島ラップ ★
パフォーマンス力 まだまだ 中級
上の奴らの良いところを吸収
一瞬を気を抜かず 常に集中
おおげさに振り減らいく シュごい
いえ〜いえ〜

福島 零士

3/24　合宿最終日。今日は、グループバトル本番だった。改めて、このようなコロナ禍でも、応援に来て下さるお客さん、席などを用意してくださったスタッフさんに心から感謝したいと思った。本番のステージでは、心から音楽を楽しむことができた。結果は27票で、暫定15位だった。何より、テコ、あゆた、ひろむ、せら、わたろの5人で勝利できたことがとても嬉しかった。気がつけば合宿が始まってから、悔しい思いしかして来なかったので、今回の勝利は心から嬉しくて、51位の自分にとって夢に近づくための大きな1歩になった。本番後、リッくんの感想をききにいって、High Voltage が1番観客と一体になっていたと言って頂き、零士が1番それを感じたとおほめの言葉をもらった。しかし嬉しかったといっても、15位。まだまだ上がいる。次の合宿までの1ヶ月、自分に何が足りなかったのか、なぜ27票分を投票してくださった方は自分を選んでくれたのかを分析しながら、自分らしさを引き続き追求していきたい。1ヶ月間 ありがとうございました!!

福島 零士

福田 歩汰

・3・6・

福田 歩汰

今日はクラス分けの再評価があった。勝手に全部覚えた気になってたけどカメラの前に立ったら緊張してしまって歌詞も飛んでしまった。本当に悔しいけどまだまだ練習が足りない証拠だと思った。自信をつけることは大事なことだけど意味を間違えていた。そして結果はFクラスに下がってしまったけどここでやる気をなくしたりあきらめたら今後絶対上には上がれないから下克上してやるっていう気持ちでFでもめちゃくちゃ上手いんだぞっていうのを見せる。やっぱり60人に残らせてもらってるから絶対に頑張る。本当にこの環境にいれることに感謝したいと思う。そして明日からまた全力で頑張る。

・3・24・

福田 歩汰

今日はついにグループバトルの本番だった。たくさんの国民プロデューサーの皆様が来て下さって本当にうれしかった。自分の名前が書いてあるうちわとかスローガンがあってすごくうれしかった。パフォーマンスは今までで1番楽しみながらできたし人生で1番楽しい時間だった。もっとステージでおどりたいともう気持ちがこみ上げてきた。そしてチームで勝利することもできて最高の終わり方だった。メンバーのみんなにはすごく感謝しています。歌もダンスも初心者な僕にみんなが優しく教えてくれて無事に終われたしすごく成長できたと思う。絶対に次の順位発表で40人に残ってまたステージに立ちたい。本当に夢のような時間だった。他の練習生たちにめっちゃカッコよかったとか言ってもらえてうれしかった。デビューしてもっとたくさんの方々の前でパフォーマンスしたい。

福田 翔也

：初日： **・2・22・**

今日からついに、本格的に合宿がスタートしました。改めて気持ちを引きしめて合宿生活を過ごしたいです。そして今日はなんと、レベル分けのチーム発表〜！！待ちに待った日が来ました。運命のボクのネームメイトは、ヴァイオレガひける者でした。正直に言うと、びっくりしすぎて、予想外すぎて、ワクワクもしたけど少し不安になりました。でも、話してみると、すごく気さくで、一緒にいてすごく楽しいです。しかも、本当にガチ期間を終えて、久しぶりに、人とちゃんと話すって事を感じました!!

今日から、レベル分けの練習スタート!!曲は、なんと···

Lisaさん - 炎

まさかすぎて、こりゃも本当にビックリです。今日も世界中に知られている名曲なので、プレッシャーがすごいです。ですがその、分かめかめがかわいいその子を作って、見ていただいて引きこみたいです。ひかる×なら、すごくいい作品を作り上げることができそう！トレーナーさんからも褒められました。(笑)とにかくまた明日からもがんばります。

ボクらのチーム名
D - FLight ?
(Fly (とぶ) + Light (光) (仮))

しょーやん。

2闾明 **2021・3・14・**

今日はついに、"レミラブ"の撮影日当日でした。一言で表すと、"幸福"です。自分が、アーティストとしてステージに立ちパフォーマンスをしたのは、初めてでした。今までにない感覚で、感じたことない、幸福感で満たされました。自分が、すごい大きなステージに立ったのも、華麗メッセージでした。ダンサーとしてです。ですが今回は、ダンサーとしてではなかったです。次のボクのステップにあんなにいいこめて、この日まで、レベル分けから、今日まで、本当にたくさんのことに悩んでました。自分のパフォーマンスが、ダンスの見せからぬけだせないのが、1番の悩みでした。ですが、今日のパフォーマンスは不思議と、ダンスをおどってる感覚が、本当になくて、初めての感覚でした。ずっと悩んだ、もがいてた、マインドでしたが、今日、ちゃんと、アーティストとしての第一歩が、踏み込めた気がするので、明日からは、より、自分らしく、楽しく、多くの人をみりょうできるような、パフォーマンスができるようになりたい!!

(今後の課題)

・ダンスではなく「翔也」としての魅力をパフォで出す。

・ライバル意識をもっともつこと。

藤牧 京介

R3.4.30
順位発表式。順位は3位だった。
前日の放送およびに、4位という順位を見ていて、
正直、少し順位が落ちてしまうのではないかと思っていた。
1位〜7位の発表の際、椋梨くん、将吾くん、浮人くん の中に 自分も
一緒にスクリーンに映し出された時に、自分がどれだけすごい順位にいるのかを
実感した。自分の中では、4位で呼ばれると思っていた時に、先に浮人くん
が呼ばれ、とてもビックリした。そして3位で名前を呼んで貰った。
正直、この順位を貰って、不安・プレッシャーがとてもあるが、この先、順位の変動
はあると思うので、良い意味で、あまり順位を気にしすぎず、とにかく練習に
しっかりと取り組み、歌・ダンス・表現実力など、全てのレベルを上げる事に集中
していきたい。
そして、今日の順位発表で、41位以下の20名が脱落となってしまった。
レベル分けの際、MのワンピーZ、ならこんや、Bチームで自分が精神的に落ち
ているときに支えてくれた なるき。その他にも、沢山話しをとした事もあろう、話しと
していなくても、20人みんな、一緒に合宿として、頑張ってきた仲間が、落ちてしまい
とても複雑な気持ちだった。本当に「頑張らないと」と思ったし、
中途半端な姿は見せられないので、これからの合宿、再度、気を引き締め
なおして、みんなの気持ちも背負って最後まで突き進んで行きたいと思った。

藤牧京介

R3.5.1
ポジションバトル　ポジション決め。
最初から、ボーカル一択だったので、順位順に希望ことが出来て良かった。
ボーカルの中にも3つあり、自分が選びたい曲を選べた。
曲は、清水翔太さんの「未来の妨りにメロディーを」。
この曲は、とても好きな曲だったので、この曲があるのを見た時は、すごくうれしかった。
メンバーは、アントニー、敵對、今局さん。
とても強いメンバーだと思うので、負けないように頑張りたい。
センター決め。今まで、ダンスで輪一番だったし、自信が無く、全然全く、立候補
できなかったが、今日は、歌のみで、自分の武器であるポジションなので、絶対に
立候補すると決めていた。4人全員が立候補して、話し合い、自分が
センター(メインボーカル)をやらせて頂けることになった。
その後、他のパートも割りふり、シーズンの時間も割かれている今、貴重気も良いと思え
引き続き頑張っていきたい。

藤牧京介

藤本 世羅

3/1　練習生日記
明日はいよいよ本番です。本番で出しきるため準備はして
きたつもりでなお表情も少しは作れるようになりました。まずは何と
い順位かわからが番楽しくパフォーマンスをし、見てくださる方々
に元気を与えられるようにしたいです。結果に左右されずテッペン
を目指して元気頑張り続けたいです。
藤本世羅

3/2　練習生日記
今日はとても長い一日でした。43位という順位
をいただき、合宿に来れた嬉しさの反面、悔しい気
持ちもありました。ただテッペンを目指したいです。まずは
明日のレベル分けテストを頑張ります。
藤本世羅

3/3　練習生日記
Dランクでした。満足のいく結果ではありませんでしたが、これから
の自分の実力だと考え、もっと努力して上を目指したいです。ナオヤ
さんやkenzoさんなんの有名人の前でダンスを振ろうできてとても
光栄でした。貴重な経験をさせていただき、とても感謝しています
レベル分けテスト再評価で上に行けるようにがんばります
藤本世羅

練習生日記　3/16
今日は、グループバトルのチーム決めと曲決めを行いました。
1位のまさやさんが最初に5人を選んだ後、他の94チームのメンバー
を決めるのはクジ引きで決めました。Aクラスの人達が、すべてとなって
メンバーを指定していくと考えていたので、とても驚きました。また
メンバーを決めるクジ引きで、僕が3番目に選ばれました。西村さん
にフルネームで呼んでもらえたことがとても光栄でした。
チームの雰囲気も良く、これから一緒に頑張っていけそうです。
パート決めで、僕はサブボーカルを務めることになったので
全力でまっとうしたいと思います。絶対に勝って、3000票を
手に入れます。
藤本世羅

3.5

happy birthday 侑豊！ きょうは 再評価前 最後の日
明日で Let me fly の立ち位置がきまるので がりをりたい
明日心がすいい結果でますように。

3.14

今日は Let me fly の42様でした ぼくは練習してきた事を
100%出せたと思います。
本当にきつい2週間でしたが クラスのみんなのおかげ
で乗りこえられました。
最後に60人みんなで集まった時は本当感動しました。
60人みんなとスタッフさんに　　かんしゃんです。
ありがとうございました。

3.22

今日の練習が始まった時 全然できてなくて
もうダメかもと思ったけど 終わりのちには
なんとか形になってよかったです。
明日のリハ、明日がるメンバーみんなみる
と思うので がん声がわくような パフォーマンス
をしたいです。

4/30　第1回順位発表式... 本当に うれしく、そして悲しかった 時間でした。
私の順位は 25位！ 初回の放送では 47位で そこから 22位 UP しました。
本当に、私に投票してくれた国民プロデューサーの皆様に感謝して
これからの舘を精一杯 がんばりたいと思います。
落ちてしまった 練習生の皆の気持ちを、背っていこのので、半端な姿を
見せたら 合わせる顔がないって、しっかり肩をおとしながら、
練習にはげみたいです。 いつもまだ落たなた
人達の為に絶対にデビューをつかみたいです！　松田 迅

5/8

Position Battle 様！ なんと 1位を取る事ができた。（グループ内）
本当にびっくりした。まさか、自分が取れるなんて思ってもいなかった。
しかし 練習生の皆からはすごくほめられて、とても良かった。1位取る
って思った などと、ありがたい課をもらった。
センターになれず、しかし くさらないで 縮をがんばってきて、結果として
残すことができて、すごく充実に思う。
落ちてしまった メンバーが私のパフォーマンスを見て、少しでも
すごいなと思ってくれたら、これで満足です！
夢犬にデビューした 資現でたい！ 1歩で少しでも近づけ
たと思う。これからも絶対に自分を見失らないで、自分らしく、
そして誰よりも楽しんで Produce 101 Japan Season 2を過ごしたい。
松田 迅

5/6

今日、一番 印象深かったのは 親から 練習生への メッセージ でした。
本当に最近すごいホームシックになってて オーデ的なっこに集もできない
日々が続いていて、すごく自分かなさけなかったし、ひな自分を
愛れなかった。そして、今日、色んな練習生の家族からのメッセージを
見て、聞いて、すごく あたたかい なにかを感じたし、すごく涙が
止まらなかったです。自分の一番の心の支えになっている母で
改めて、家族なんだなと、実感したし、絶対に デビューした姿を
見せたい という思いが より一層 深まりました。
ファイナルまで残り 1週間、自分にできる事を全力で！ 今日の事を
忘れずに、これをベネに練習にはげみたい。
松田　迅

松本 旭平

2021・3・11・木

今日も 1日おつかれ様でした。
位置バミをされ、後ろの端で最初は中々映らない
だろうとショックを受けましたが、プラスに考え、横からのカメラには
めちゃくちゃ映れると思います。ステージも広いそうなので
マイナスに考えず、前向きにし 端からセンターへ！！
ナンジュン先生のお話もタメになり、他のクラスのパフォーマンスに
ぼう然としてしまいました。自分は最年長なのにと、最年長だから
とかを考えすぎていたのではないかと思い、プライドを捨ててきたつもり
でしたが、さすがにショックを受けて 自分より生きた年数が違う
のに…と。でも これから 先の人生の方が長い。
それに 今気付き やりたい事をやれてる幸せに 感謝を忘れず
精進します。

そして 今日は 東北から 10年。
東北出身としては、忘れてはいけない日。
今もなお、苦しんでいる人がいる。
東北魂を ぼくも 背追って やってやります。

明日も 顔晴ります！

松本旭平

2021・3・22・月

今日も 1日おつかれ様でした。
練習最終日、色々な事があった1週間。
バラバラになりかけた時もありました。
ですが、最終日にやっと1つになれた気がしました。
マイナスになってどよーんとした空気があったからこそ
今自信を持って 僕らのパフォーマンスを見てと言える様に
なったんではないかなと感じます。
最終日ですが、僕のラップパート自分で自分出せてる？と
りのさんに 聞かれ、もっとセクシーに したいとお願いをし
一緒に 考えて下さり、セクシーに そして 自分にしか
出来ない 表現をしたいと思います。
りのさんに 60人の中でこれが出来るのは あなただって
と言っていただけた事に 自信がつきました。
明日も 顔晴ります！

松本旭平

三佐々川 天輝

3/28（日）

今日で、合宿 7日目です。もう、スタートして計2週間が
経ちました。すごく時間が経過するのが早いです。
そして、今日もミーティングを沢山行い、リーダー2世君の
言葉を聴いて、納得しかできなかったです。もう一度自分の
頑張り、努力の量を見つめ直すと 足りない事だらけ
でした。もう一度練習の量 努力を死ぬ程しているか
それをふまえて残りの練習時間を 大切に。
頑張りたいと思います。僕はこのままだと
一番低い評価を頂き、一番下のクラスになると思います。
もう一度、どんな気持ちで、このオーディションに参加したのか
人生をかけて頑張ります。そして、今日は、ゲームの あいさつで、
キャッチコピーを皆で考えました。「皆のアドレナリン、リベンジャーズです！」
です。良く意味が分かりませんが、皆で、沢山案を出して、
苦脳して考えたので、大事にして行きたいと思います。
そして今日 プリクラもあったので、撮ってみました。何だかすごく
楽しかったです。明日のレッスン、死ぬ気で頑張って
残りのステージを全力で出しきって 楽しみます。

三佐々川 天輝

3/24

合宿最終日です。そして、グループバトル当日です。
初めて 国民プロデューサーと会って、バトルを
忘れるくらい 楽しめたし 自分のネームプレートを
もってくれている方を見つけて とっても うれしかったです。
とても 思い出に 残りました。もっと 国民プロデューサー
の方と 会いたいので これからも もっと がんばります。
そして、関係者の 皆様、練習生の 皆にも
心から 感謝 しています。また 元気に 会える日
を楽しみにして います。

三佐々川 天輝

2021・2・22・月

合宿9日目

今日からいよいよグループで練習が始まった！メンバーは山梨県の藤本世羅君と同じ長野県出身の藤坂未鳥君だった。2人ともリクトパンクの撮影で同じグループで既に話したこともあったのですごく入りやすかった！グループ名は「もぎたてアルプス」とフレッシュさと長野と山梨を連想できるとてもしっくりくるグループ名で良かった。レベル別け評価テストで行う曲は半野原さんの「アイテアって3人ともほぼ初めて聴いた歌だったのでまずはメロディやリズムを覚えるところから行った。ポップな歌で、とてもポジティブで明るいイメージがこの歌にはあり歌ってて自然と楽しくなった。ダンスの振り付けは僕が受け持つことになった。ダンスの振りを1コも作ったことがないので、2人の足を引っ張ってしまわないかとても不安だが、2人がとても支えてくれるので、頑張ろう！と思えた。歌の歌詞の意味やリズムをしっかり聴いていると、自然と振りが表現できることもあり、新しい経験で楽しかった。また振りが完成していないので、明日中には完成させ、3人で何度も練習して試行錯誤を繰り返しながら本番では観ているトレーナーの方や練習生を楽しませることができるようなステージを見せて、3人でA評価をもらえるように頑張る！1日1日を大切に！

3・14・日

29日目

今日はLET ME FLYの本番でした。朝が早かったので、前日に頭でイメージトレーニングを何回も繰り返し行い、テンションを上げた状態で挑みました。1発目の本番が始まってAグループがパフォーマンスを開始した瞬間に、シーズン1のステージを画面越しに見て、憧れていた自分自身がこのステージに立つことができることに改めて感動して興奮しました。振りの練習はこれまで何回もやってきたので、あとは他の練習生と全力で楽しんで、最高のパフォーマンスを作り上げよう！という気持ちでやりました。毎回スタンバイに立つ度に感動して何度も泣きそうになりましたが、ぐっとこらえてやりました。ラスト1回は本当に楽しくて60人の練習生とつながっている感じがありました。このステージを用意して下さった全ての方に感謝して、これからも全力で走り続けます。

宮下 紀彦

2021・3・14・

あの伝説の舞台に立てて、僕は幸せです。60人が今まで汗と涙でつちかったパフォーマンスは圧巻でした。1人1人のツバサが大きな羽になる瞬間は世界に向けて羽ばたいたのではないか。season 2のLet me Flyは後世に語りつがれるだろう…。あの時間に入れて、僕は本当に幸せです。ありがとうございました。

村松 健太

2021・3・24・

本当に最高な1日でした。これから生きていく人生の中で一生思い出に残る瞬間です。
いや、思い出なんかじゃない。これから僕は「アイドルを目指すのだから」ずっとアイドルという職業をつづけていきたい。これからも国民プロデューサーの皆様にhappyなものを送りたい。今日のステージで国民プロデューサーとお会いでき、デビューする気持ちがあふれ再確認できました。会場投票の結果では多くの方が応援してくださり、8位という席を頂き本当に光栄です。村松 健太のスローガンもありある皆様の支えがあって、このステージに立てるんだなと強く実感しました。これからも色んな一面をみせていき最高なパフォーマンスを目指します。チームのリーダー森井くんはまっすぐな熱い男でした。個性あふれるメンバーを森井くんがまとめてくれたからこそ、今回勝負に勝てたと思います。メンバーのみんなに感謝です。
そして、日々自分を高めていきます。
お天狗にならず、努力の修行をがんばります。
チャンスの階段は少しずつ上ってきてる。あと少しでデビューできる！いやこういう甘い考えだて、このサバイバルって吐き出されるだろう。初心を忘れず、これからも気合いいれていきます。

2021・3・3

レベル分けテストでFクラスでした。以前は、スタート時のレベルが分けられるだけだから、ありのままのクラスを受け入れようと考えていましたが、正直、本当にくやしい。今日まで練習したことは勿論、作ったことの無い振付けに挑戦し上手くいかなかったことも思い出して評価を受けた後、何度もくやしさをつのらせてしまいました。

評価では「不安である」「自信の無さが出来ていた」と実力と練習不足を示唆され、もし自分を違いに感じ…いけないかと焦りを感じました。

不安で押しつぶされそうですが、こんな自分に応援してくださる方がいらっしゃると思うので、もっともっと頑張ります。

絶対に再評価テストで上がってやる。

森井 洸陽

2021・3・4

今日は、グループバトルがあり、我々ボワインに似合う男達は勝利することが出来ました。今までの1週間、グループをチームとしてまとまることが難しく、沢山考えることもありました。その時から、77くの練習生、特に Your Number の1組リーダーのはじめ君がよく相談にのってくれていました。結果として我々は1つにまとまることができ、良いパフォーマンスができたと思います。

本当に、この6人のチームでなければこの結果を達成することは難しかったと思いますし、1人1人に感謝しています。

改めて、このチームが大好きですし、競て高めあった1組の皆にも本当に感謝しています。

こうして僕達がステージに立てるのは、国民プロデューサーの方々のおかげです。本当にありがとうございました。

森井 洸陽

安江 律久

2・23

今日は僕達のチーム名である リベンジャーズ について考えてみた。その名の通り、SEASON 1 に参加することなく運命の段階が済そうしてしまった人達という意味だが、決かてなんか前回落ちてしまったかわからない程のナンバーである。特に古瀬くんは歌もダンスも本当に圧倒的でSEASON 1に出演していたら…考えただけでも恐ろしい存在である。そして、僕達のリベンジャーズというだけあってSEASON 1 のコンセプト評価でアベンジャーズとも前える程のナンバーが集まった楽曲「DOMINO」を披露させてもらえることになった。正直、この事は自分もめちゃくちゃ嬉しいが、プレッシャーをとても重く感じている。絶対的に本命のDOMINOと比べられたうえに、自分のダンスの出来なさが目立ってしまわないかとても不安だ。また、このクラス分け評価という初期段階でこんなにも難易度の高いダンスに挑戦できることにとてもワクワクしている。ダンス未経験の僕がデビューするためには越さねば通れない壁だからだ。このダンスをバキバキに踊れるくらいに努力すればこの先ずっと明るい未来が待っていると信じてる。そんな、晴れ晴れとした気持ちで迎えた練習2日目だが、僕の希望はあっさりと打ち砕かれた。あまりにもダンスが難しい…。これを未経験の自分が踊れるのか? 想像もつかない。一時、途方にくれた僕だったが、心とSEASON 1 のナンバー構成を思い出した。そういえば「DOMINO」には純喜さんがいたんだ。あのダンス未経験の純喜さんが相当なナンバーの中でダンスを披露していたことを考えると、あの人の努力はとてつもないものだと痛感したし、純喜さんが踊れたら自分も踊れるようになるかも知れない、勇気をもらった。残り少ない時間で振りを覚えて、完成度を上げる。本当に大変が難しいことだが、それをするために自分なりに考え、絶対に妥協せずにやり切ると心に決めた。明日の目標は…

【振りと構成を完璧に覚えて、簡単に踊れるようになる！】

安江 律久

3・16

今日は遂に待ちに待ったグループバトルのチーム・曲決めの日でした。チーム決めの方法はまさかのくじ引きからの選択制でした。練習生が自分のチームを選ぶというルールだとわかった時は正直、最後の10人に残ることは覚悟しました。自分はまだ歌だったり、ラップの実力も充分に充実していなかったからです。自分の予想通り、僕は8巡目まで名前が呼ばれず、9巡目に指名権が回ってきました。予想はしていたものの、やはりここまで名前が呼ばれないことは、とても悔しい思いをしたけど、それ以上に自分を選ばなかったことも絶対に後悔させるぞという思い、闘争心が沸き上がってきました。そして、僕が選んだ4人は皆な気持ちを理解している方々です。ひびきさんはネクラスの圧倒的な歌唱力やボーカルに磨きがかかるが、まだアピールにはなっていないと言っていたし、まだまだボーカル力があるのにまだ発揮しきれていません。

また、あやむは振りがおぼえる程ダンス力が高めたレベル分け評価でFになってしまい悔しいだろうし、やっとこ17歳と若くダンスも出来るのに9巡目まで名前が呼ばれなくてとても悔しい表情をしていました。おれおれの実力をアピールすること以上に、人並以上に悔しく思っているのではないかと考えて、僕とこの4人を選びました。ダンス・ボーカル共にバランスのいいチームで全員が歌の実力や発揮出来れば、絶対に上位陣のクラスに勝てるチームだと思いました。そして、天輝が逆指名で選ばれなかったのを見るのは胸が痛かったけど、僕のチームに来てくれて安心しました。みんなでそれ以上に努力しています。

そして、僕達のチームでなんと圭くんが1位になったら、BTSさんの I NEED YOU を選曲することが出来ました。僕にとっては、ラップが多い曲な上、ボーカルも見せ場が多く、ダンスもおどりラーラ振り付けの、絶対にやりたいと思っていた曲でした。実は I NEED YOU のCDも僕は持っていて、このカラードを掴まれた時の運命的に感じました。君を魅力も絶対のチームメイトと最高の楽曲で必ずチーム3（きみち）に勝たせる！ KEN THE 390さんの

【大切な振りを覚え、心は完璧、歌も完璧にします。】 レッスンが楽しすぎて寝れません。

山本 遥貴

山本遥貴　　3・3・火・

今日で最終日、ティーニイーストとしての最初で最後のステージ
になります。メンバー全員で練習してきたことをみせる最初で
最後のステージになります。今までのことを思い出して、
最高のパフォーマンスにしたいですし、何よりもメンバー
が楽しんでみている人を楽しませられるステージにしたい
と思います。
そしてどのレベルになってもまたみんなで助け合って
いきたいです！

3・14・月・

今日はテーマ曲「Let me fly」の撮影でした。短い時間
の中でどうやってふりを覚えるか、どうやって曲を覚えるかなどたく
さんの課題とたたかってきましたが、最後はとてもすばらしいパフォーマンス
ができたと思うのでがんばってきてよかったと強く感じました。
最初はレベル分けでBクラスになりたくさんの人に助けられて
Bクラス維持をすることができたし、そのBクラスでの新しいメンバーとの
出会いもあり、いままでの人生で一番濃いといってもいいような2週間
だったのかなと思います。再評価では不安でしかない気持ちでしたが
今日こうやって自信をもってパフォーマンスができたことがとてもうれしい
ことですし、たくさんの人に助けられたことの感謝しかありません。
本当にBクラスのみんな、練習生、スタッフの皆様に感謝しています。
この期間の中だけでも自分を変えることができたと思います。

山本遥貴

四谷 真佑

2021年3月16日(火)

今日はグループバトルのチーム決めをして曲を決めて
そのあとにチームでポジションなどを決めました。
今日は本当に色々な事がありました。
まず、まさや君に友達として1番に名前が上がった事も
びっくりしました。
まさや君のチームにはならなかったですがその後にすぐ
くじで自分が選ぶ側になったので1位にチームで
なりたかったので信頼できるメンバーを選びました。
そしてパフォーマンスする曲はJO1さんの無限大です。
ポジションはメインボーカルを頂いたので全力で支えて
チーム一丸となって勝ちたいです。
絶対に良いステージにします。

四谷 真佑

2021年3月22日(月)

今日は最後の練習の日でした。
素直にとても楽しかったです。
不安な点は今も沢山ありますが、そこでネガティブにならずに
自分の今、出来る最高のパフォーマンスがしたいと思っているので
本番がとても楽しみです。
不安だったアドリブパートもりのさんにほめていただき
とても自信になりました。
自分は何かとネガティブやマイナスな考えになってしまうのですが
今回のこのグループバトルの練習を通して
少し変われた気がしました。
このチーム、6人で最高のパフォーマンスを国民プロデューサーの
皆さんにお見せしたいです。
本当にとても楽しみです。
後は、会場に1人は自分のファンの方がいてくれたら
嬉しいです。
いなくても400人を全員ファンに出来るような
パフォーマンスをしたいです。
今日は久しぶりに気持ち良く寝られそうです。
おやすみなさい。

四谷 真佑

PRODUCE 101 JAPAN MEMORIAL PHOTO

前作には収録しきれなかった練習生たちの半年間の軌跡

Member Profile

安積 夢大
アツミ ムウタ
大阪府
ビッグドリーム
D→D

順位	58 位→ 53 位→ 52 位→ 56 位	
G	Your Number 2 組 赤ワインに似合う男たち	サブボーカル③
P	−	−
C	−	−
D	−	−

阿部 創
ア ベ ハジメ
東京都
DU Quintet
D→B

順位	57 位→ 58 位→ 58 位→ 59 位	
G	Your Number 1 組 집중공격 (集中攻撃)	サブボーカル② **Leader**
P	−	−
C	−	−
D	−	−

飯沼 アントニー
イイヌマ
フィリピン
Team-A
A→A

順位	9 位→ 11 位→ 9 位→ 11 位→ 21 位→ 17 位→ 15 位→ 18 位	
G	無限大 1 組 INFINITY	サブボーカル③
P	花束のかわりにメロディーを (ボーカル) X4	−
C	STEP はねむぅ〜ん	サブボーカル⑤ 👑
D	ONE	サブボーカル④

イイヨシ ルイ
飯吉 流生
新潟県
White Lover
C→B

順位	30 位→ 41 位→ 38 位→ 38 位→ 31 位→ 33 位→ 37 位	
G	Your Number 1 組 집중공격（集中攻撃）	メインボーカル ♛
P	NA（ダンス） Na（ナトリウム）	—
C	Another Day Freshers	ラッパー④
D	—	—

イケザキ リヒト
池﨑 理人
福岡県
T-RAP
C→D

順位	11 位→ 12 位→ 14 位→ 15 位→ 16 位→ 15 位→ 13 位→ 9 位	
G	AGEHA 1 組 Lí vera	ラッパー①
P	Nobody Else（ラップ） ドス鯉倶楽部	—
C	Goosebumps 八 men 鳥	ラッパー③ Leader グループ 1 位
D	RUNWAY	ラッパー①

イヅツ ユウタ
井筒 裕太
大阪府
DK WEST
B→B

順位	45 位→ 30 位→ 34 位→ 30 位→ 28 位→ 29 位→ 26 位	
G	I NEED U 1 組 弁当少年団	サブラッパー①
P	Overall（ラップ） Crawl up	—
C	STEP はねむぅ～ん	ラッパー② Leader
D	—	—

順位	16 位→ 19 位→ 22 位→ 27 位→ 37 位→ 35 位→ 33 位	
G	&LOVE 1 組 ベビラヴ	サブボーカル⑤ Leader
P	OH-EH-OH (ダンス) T-changer	Leader
C	A.I.M B.Q.N	ラッパー③
D	—	—

ヴァサイェガ 光 (ヒカル)
埼玉県
D フライト
C→C

順位	19 位→ 38 位→ 37 位→ 36 位→ 38 位→ 38 位→ 38 位	
G	AGEHA 1 組 Lí vera	メインボーカル
P	さよなら青春 (ボーカル) うたうたいばかり	—
C	Goosebumps 八 men 鳥	サブボーカル② グループ 1 位
D	—	—

上田 将人 (ウエダ マサト)
静岡県
チャ・チャ・ラブ
F→D

順位	42 位→ 34 位→ 39 位→ 44 位	
G	AGEHA 1 組 Lí vera	サブボーカル① Leader
P	—	—
C	—	—
D	—	—

上原 貴博 (ウエハラ タカヒロ)
沖縄県
SUPER MENSORE
C→C

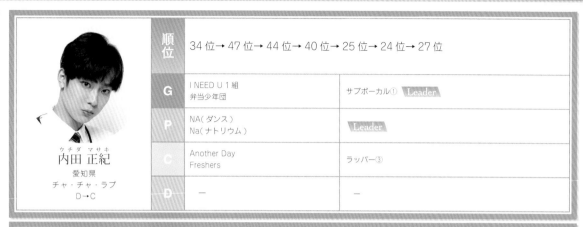

順位	34位→ 47位→ 44位→ 40位→ 25位→ 24位→ 27位		
G	I NEED U 1組 弁当少年団	サブボーカル① Leader	
P	NA(ダンス) Na(ナトリウム)	Leader	
C	Another Day Freshers	ラッパー③	
D	—	—	

内田 正紀 (ウチダ マサキ)
愛知県
チャ・チャ・ラブ
D→C

順位	59位→ 54位→ 50位→ 54位		
G	Your Number 1組 집중공격(集中攻撃)	サブボーカル①	
P	—	—	
C	—	—	
D	—	—	

枝元 雷亜 (エダモト ライア)
北海道
White Lover
D→D

順位	13位→ 8位→ 8位→ 10位→ 15位→ 20位→ 16位→ 12位		
G	&LOVE 2組 アベイビーズ	サブボーカル② W グループ1位	
P	OH-EH-OH(ダンス) T-changer	—	
C	STEP はねむぅ〜ん	サブボーカル③	
D	ONE	ラッパー④	

大久保 波留 (オオクボ ナル)
福岡県
DK WEST
C→D

太田 駿静
オオタ シュンセイ
福岡県
WESTセレクション
C→D

順位	6位→15位→15位→14位→17位→11位→10位→14位	
G	無限大1組 INFINITY	ラッパー②
P	花束のかわりにメロディーを（ボーカル） X4	Leader
C	Another Day Freshers	ラッパー②
D	ONE	サブボーカル③

大和田 歩夢
オオワダ アユム
千葉県
ジェットマリーンズ
F→D

順位	23位→35位→41位→31位→33位→34位→36位	
G	I NEED U 2組 （I）	サブラッパー②
P	Overall(ラップ) Crawl up	—
C	STEP はねむぅ～ん	ラッパー①
D	—	—

尾崎 匠海
オザキ タクミ
大阪府
浪速のプリンス
A→A

順位	14位→6位→5位→5位→7位→8位→8位→5位	
G	無限大1組 INFINITY	サブボーカル①
P	Dynamite(ダンス) コワイモノシラズ	👑 課題曲1位
C	Another Day Freshers	メインボーカル
D	RUNWAY	ラッパー③

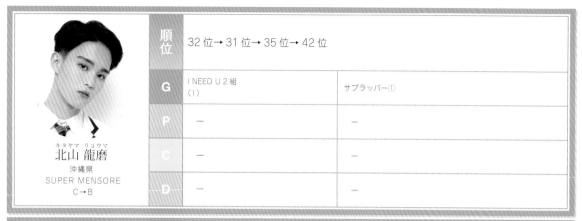

順位	32 位→ 31 位→ 35 位→ 42 位	
G	I NEED U 2 組 （I）	サブラッパー①
P	—	—
C	—	—
D	—	—

キタヤマ　リョウマ
北山 龍磨
沖縄県
SUPER MENSORE
C→B

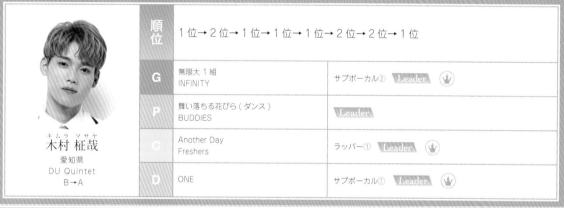

順位	1 位→ 2 位→ 1 位→ 1 位→ 1 位→ 2 位→ 2 位→ 1 位	
G	無限大 1 組 INFINITY	サブボーカル② **Leader** 👑
P	舞い落ちる花びら（ダンス） BUDDIES	**Leader**
C	Another Day Freshers	ラッパー① **Leader** 👑
D	ONE	サブボーカル① **Leader** 👑

キムラ　マサヤ
木村 柾哉
愛知県
DU Quintet
B→A

順位	17 位→ 17 位→ 19 位→ 20 位→ 20 位→ 22 位→ 23 位	
G	& LOVE 1 組 ペピラヴ	サブボーカル② 👑
P	OH-EH-OH（ダンス） T-changer	—
C	A.I.M B.Q.N	サブボーカル②
D	—	—

クリタ　コウヘイ
栗田 航兵
愛媛県
WESTセレクション
C→D

小池 俊司
コイケ シュンジ
埼玉県
DU Quintet
A・A

順位	46 位→ 39 位→ 29 位→ 26 位→ 10 位→ 4 位→ 6 位→ 15 位	
G	AGEHA 1 組 Lí vera	サブボーカル②
P	舞い落ちる花びら（ダンス） BUDDIES	👑 課題曲 1 位　ダンス部門 1 位
C	Goosebumps 八 men 鳥	サブボーカル①　グループ 1 位
D	ONE	メインボーカル

古瀬 直輝
コ セ ナオキ
大阪府
リベンジャーズ
B→A

順位	49 位→ 28 位→ 20 位→ 17 位	
G	無限大 2 組 SIX PLANETS	サブボーカル①
P	－	－
C	－	－
D	－	－

児玉 龍亮
コ ダマ リュウスケ
静岡県
KTS
D→C

順位	52 位→ 55 位→ 53 位→ 53 位	
G	Your Number 1 組 集中攻撃（集中攻撃）	サブボーカル③
P	－	－
C	－	－
D	－	－

	順位	5 位 → 9 位 → 11 位 → 9 位 → 12 位 → 14 位 → 11 位 → 11 位	
	G	AGEHA 1 組 Lí vera	サブボーカル③ 👑
	P	OH-EH-OH（ダンス） T-changer	👑
	C	SHADOW 陰 - IN -	ラッパー①
	D	ONE	サブボーカル⑤

後藤 威尊
ゴトウ タケル
大阪府
浪速のプリンス
C → B

	順位	22 位 → 25 位 → 23 位 → 22 位 → 6 位 → 7 位 → 7 位 → 13 位	
	G	無限大 2 組 SIX PLANETS	サブボーカル③
	P	Dynamite（ダンス） コワイモノシラズ	―
	C	SHADOW 陰 - IN -	サブボーカル②
	D	ONE	サブボーカル②

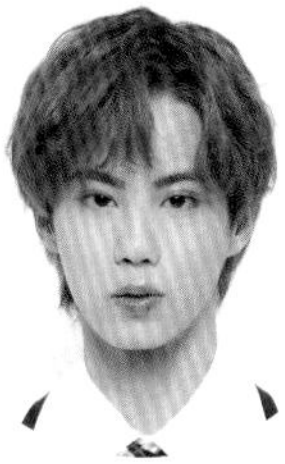

小林 大悟
コバヤシ ダイゴ
東京都
DU Quintet
A → B

	順位	54 位 → 43 位 → 36 位 → 34 位 → 24 位 → 25 位 → 24 位	
	G	無限大 2 組 SIX PLANETS	サブボーカル②
	P	さよなら青春（ボーカル） うたうたいばかり	―
	C	A.I.M B.Q.N	ラッパー①
	D	―	―

小堀 柊
コボリ シュウ
東京都
ティーンEAST
C → F

阪本 航紀

サカモト コウキ
阪本 航紀
千葉県
ジェットマリーンズ
D→R

順位	35 位→ 32 位→ 30 位→ 35 位→ 19 位→ 10 位→ 21 位→ 21 位	
G	& LOVE 1 組 ベビラヴ	メインボーカル
P	さよなら青春 (ボーカル) うたうたいばかり	課題曲 1 位　ボーカル部門 1 位
C	STEP はねむぅ～ん	メインボーカル
D	RUNWAY	サブボーカル④

佐久間 司紗

サクマ ツカサ
佐久間 司紗
東京都
TOKYOブラザーズ
D→C

順位	50 位→ 45 位→ 47 位→ 49 位	
G	AGEHA 1 組 Lí vera	サブボーカル④
P	－	－
C	－	－
D	－	－

笹岡 秀旭

ササオカ ヒデアキ
笹岡 秀旭
埼玉県
DU Quintet
C→B

順位	39 位→ 26 位→ 32 位→ 33 位→ 27 位→ 30 位→ 25 位	
G	I NEED U 1 組 弁当少年団	メインボーカル
P	さよなら青春 (ボーカル) うたうたいばかり	Leader
C	Goosebumps 八 men 鳥	メインボーカル　グループ 1 位
D	－	－

順位	3位→5位→6位→7位→8位→12位→9位→10位

G	& LOVE 1組 ベピラヴ	サブボーカル①
P	OH-EH-OH(ダンス) T-changer	—
C	STEP はねむぅ〜ん	サブボーカル④
D	RUNWAY	サブボーカル③

佐野 雄大 (サノ ユウダイ)
大阪府
浪速のプリンス
D→F

順位	28位→46位→45位→43位

G	I NEED U 1組 弁当少年団	サブボーカル②
P	—	—
C	—	—
D	—	—

篠ヶ谷 歩夢 (シノガヤ アユム)
静岡県
チャ・チャ・ラブ
F→C

順位	25位→37位→28位→24位→26位→28位→28位

G	& LOVE 2組 アベイビーズ	サブボーカル③　Leader　グループ1位
P	Pretender(ボーカル) Official チャレ団 dism	—
C	STEP はねむぅ〜ん	サブボーカル①
D	—	—

篠原 瑞希 (シノハラ ミズキ)
東京都
TOKYOブラザーズ
F→B

許 豊凡
シュウ フェンファン
中国・浙江省
Team-A
C→D

順位	7位→10位→10位→12位→14位→21位→19位→8位	
G	I NEED U 2組 （I）	メインボーカル
P	舞い落ちる花びら（ダンス） BUDDIES	―
C	SHADOW 陰 - IN -	メインボーカル **Leader**
D	ONE	ラッパー③

髙塚 大夢
タカツカ ヒロム
東京都
ビッグドリーム
B→A

順位	8位→13位→12位→8位→9位→16位→17位→2位	
G	AGEHA 2組 HiGH VOLTAGE	メインボーカル　個人総合1位
P	Pretender（ボーカル） Official チャレ団 dism	👑 課題曲1位
C	A.I.M B.Q.N	メインボーカル
D	RUNWAY	サブボーカル①

髙橋 航大
タカハシ ワタル
埼玉県
KTS
D→C

順位	31位→40位→42位→41位→34位→27位→30位	
G	AGEHA 2組 HiGH VOLTAGE	サブボーカル②
P	NA（ダンス） Na（ナトリウム）	👑 課題曲1位
C	SHADOW 陰 - IN -	サブボーカル⑤ 👑
D	―	―

順位	2 位→ 1 位→ 2 位→ 2 位→ 2 位→ 1 位→ 1 位→ 3 位	
Ⓖ	無限大 2 組 SIX PLANETS	ラッパー① Leader 👑
Ⓟ	Nobody Else(ラップ) ドス鯉倶楽部	👑 課題曲 1 位
Ⓒ	Goosebumps 八 men 鳥	ラッパー① グループ 1 位 個人 1 位 (Goosebumps 内)
Ⓓ	RUNWAY	ラッパー②

田島 将吾 (タジマ ショウゴ)
東京都
Kフェニックス
A→A

順位	33 位→ 42 位→ 46 位→ 48 位	
Ⓖ	Your Number 1 組 집중공격 (集中攻撃)	サブボーカル④
Ⓟ	—	—
Ⓒ	—	—
Ⓓ	—	—

多和田 大祐 (タワダ ダイスケ)
愛知県
ティーンEAST
D→F

順位	15 位→ 18 位→ 18 位→ 18 位→ 40 位→ 40 位→ 39 位	
Ⓖ	AGEHA 2 組 HiGH VOLTAGE	サブボーカル③ Leader
Ⓟ	舞い落ちる花びら (ダンス) BUDDIES	—
Ⓒ	A.I.M B.Q.N	ラッパー④ Leader
Ⓓ	—	—

テコエ 勇聖 (ユウセイ)
三重県
いきなりスマイル
B→A

寺尾 香信
テラ オ コウ シン
広島県
DK WEST
C・D

順位	48 位 → 16 位 → 13 位 → 13 位 → 11 位 → 19 位 → 20 位 → 17 位	
G	& LOVE 2組 アペイビーズ	サブボーカル④　グループ1位
P	Dynamite(ダンス) コワイモノシラズ	―
C	STEP はねむぅ〜ん	サブボーカル②
D	ONE	サブボーカル⑩

内藤 廉哉
ナイトウ レン ヤ
兵庫県
KANSAI新鮮組
D→F

順位	27 位 → 48 位 → 51 位 → 55 位	
G	& LOVE 2組 アペイビーズ	サブボーカル①　グループ1位
P	―	―
C	―	―
D	―	―

中野 海帆
ナカノ カイ ホ
大阪府
T-RAP
B→D

順位	53 位 → 20 位 → 21 位 → 23 位 → 23 位 → 9 位 → 12 位 → 19 位	
G	I NEED U 2組 （I）	メインラッパー
P	Overall(ラップ) Crawl up	**Leader** 👑 課題曲1位　ラップ部門1位
C	Goosebumps 八 men 鳥	サブボーカル③　グループ1位
D	RUNWAY	ラッパー④

順位	24位→27位→25位→21位→29位→18位→18位→20位	
G	I NEED U 2組 （I）	サブボーカル②
P	花束のかわりにメロディーを（ボーカル） X4	—
C	Another Day Freshers	サブボーカル①
D	RUNWAY	サブボーカル② ［Leader］🔻

仲村 冬馬（ナカムラ トウマ）
インドネシア・バリ
Team-A
A→A

順位	4位→3位→3位→4位→4位→5位→5位→6位	
G	無限大 1組 INFINITY	ラッパー①
P	Nobody Else（ラップ） ドス鯉倶楽部	［Leader］
C	Goosebumps 八men鳥	ラッパー② 🔻 グループ1位
D	ONE	ラッパー②

西 洸人（ニシ ヒロト）
鹿児島県
いきなりスマイル
A→C

順位	10位→7位→7位→6位→3位→6位→4位→16位	
G	無限大 2組 SIX PLANETS	ラッパー②
P	舞い落ちる花びら（ダンス） BUDDIES	—
C	Goosebumps 八men鳥	ラッパー④ グループ1位
D	ONE	ラッパー①

西島 蓮汰（ニシジマ レンタ）
長崎県
Kフェニックス
A→C

西山 知輝
ニシヤマ トモキ
千葉県
ジェットマリーンズ
ト→じ

順位	36 位→ 56 位→ 56 位→ 58 位	
G	Your Number 2 組 赤ワインに似合う男たち	メインボーカル
P	—	—
C	—	—
D	—	—

服部 息吹
ハットリ イブキ
兵庫県
KANSAI新鮮組
C→D

順位	29 位→ 44 位→ 49 位→ 51 位	
G	& LOVE 1 組 ベビラブ	サブボーカル④
P	—	—
C	—	—
D	—	—

平本 健
ヒラモト ケン
兵庫県
DK WEST
B→D

順位	20 位→ 22 位→ 26 位→ 29 位→ 35 位→ 36 位→ 34 位	
G	& LOVE 2 組 アベイビーズ	サブボーカル⑤　グループ 1 位
P	NA(ダンス) Na(ナトリウム)	—
C	SHADOW 陰 - IN -	ラッパー②
D	—	—

順位	51位→59位→59位→57位	
G	AGEHA 2組 HiGH VOLTAGE	ラッパー① 👑
P	—	—
C	—	—
D	—	—

福島 零士（フクシマ レイジ）
東京都
TOKYOブラザーズ
C→B

順位	21位→29位→33位→37位→36位→37位→35位	
G	AGEHA 2組 HiGH VOLTAGE	サブボーカル④
P	Pretender(ボーカル) Official チャレ団 dism	—
C	Another Day Freshers	サブボーカル③
D	—	—

福田 歩汰（フクダ アユタ）
栃木県
ティーンEAST
D→F

順位	41位→21位→17位→19位→32位→32位→32位	
G	I NEED U 2組 （I）	サブボーカル① Leader 👑
P	Dynamite(ダンス) コワイモノシラズ	—
C	A.I.M B.Q.N	サブボーカル① 👑
D	—	—

福田 翔也（フクダ ショウヤ）
栃木県
Dフライト
B→A

フジマキ キョウスケ
藤牧 京介
長野県
もぎたてアルプス
B→A

順位	12 位→ 4 位→ 4 位→ 3 位→ 5 位→ 3 位→ 3 位→ 4 位	
G	無限大 1 組 INFINITY	メインボーカル
P	花束のかわりにメロディーを（ボーカル） X4	👑 課題曲 1 位
C	A.I.M B.Q.N	サブボーカル③
D	RUNWAY	メインボーカル

フジモト セラ
藤本 世羅
山梨県
もぎたてアルプス
D→D

順位	43 位→ 50 位→ 55 位→ 52 位	
G	AHEHA 2 組 HiGH VOLTAGE	サブボーカル①
P	—	—
C	—	—
D	—	—

フルエ ユウト
古江 侑豊
広島県
WESTセレクション
F→C

順位	60 位→ 60 位→ 60 位→ 60 位	
G	Your Number 2 組 赤ワインに似合う男たち	サブボーカル②
P	—	—
C	—	—
D	—	—

松田 迅（マツダ ジン）
沖縄県
SUPER MENSORE
C→C

順位	47 位→ 24 位→ 27 位→ 25 位→ 13 位→ 13 位→ 14 位→ 7 位	
G	Your Number 2 組 赤ワインに似合う男たち	サブボーカル①
P	OH-EH-OH（ダンス） T-changer	課題曲 1 位
C	SHADOW 陰 - IN -	サブボーカル①
D	RUNWAY	サブボーカル⑤

松本 旭平（マツモト アキヒラ）
宮城県
White Lover
D→D

順位	44 位→ 33 位→ 31 位→ 39 位→ 39 位→ 39 位→ 40 位	
G	Your Number 1 組 集中攻撃（集中攻撃）	ラッパー①
P	Pretender（ボーカル） Official チャレ団 dism	Leader
C	SHADOW 陰 - IN -	サブボーカル③
D	—	—

三佐々川 天輝（ミサ サ ガ ワ テン キ）
広島県
リベンジャーズ
D→F

順位	56 位→ 52 位→ 54 位→ 50 位	
G	I NEED U 1 組 弁当少年団	メインラッパー
P	—	—
C	—	—
D	—	—

ミヤシタ ノリヒコ
宮下 紀彦
長野県
もぎたてアルプス
D・D

順位	40 位 → 36 位 → 40 位 → 45 位	
G	& LOVE 1 組 ベビラヴ	サブボーカル③
P	－	－
C	－	－
D	－	－

ムラマツ ケンタ
村松 健太
東京都
いきなりスマイル
C→D

順位	38 位 → 23 位 → 24 位 → 28 位 → 30 位 → 31 位 → 31 位	
G	Your Number 2 組 赤ワインに似合う男たち	ラッパー①
P	Overall(ラップ) Crawl up	－
C	A.I.M B.Q.N	ラッパー②
D	－	－

モリイ ヒロアキ
森井 洸陽
京都府
KANSAI新鮮組
F→F

順位	18 位 → 14 位 → 16 位 → 16 位 → 22 位 → 26 位 → 29 位	
G	Your Number 2 組 赤ワインに似合う男たち	サブボーカル④ Leader
P	Dynamite(ダンス) コワイモノシラズ	Leader
C	SHADOW 陰 - IN -	サブボーカル④
D	－	－

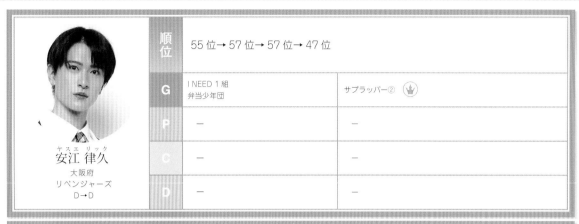

安江 律久 (ヤスエ リック)
大阪府
リベンジャーズ
D→D

順位	55位→57位→57位→47位	
G	I NEED 1組 弁当少年団	サプラッパー② ♛
P	—	—
C	—	—
D	—	—

山本 遥貴 (ヤマモト ハルキ)
愛知県
ティーンEAST
B→B

順位	37位→51位→48位→46位	
G	& LOVE 2組 アベイビーズ	メインボーカル　グループ1位
P	—	—
C	—	—
D	—	—

四谷 真佑 (ヨツヤ シンスケ)
神奈川県
リベンジャーズ
C→C

順位	26位→49位→43位→32位→18位→23位→22位	
G	無限大2組 SIX PLANETS	メインボーカル
P	さよなら青春（ボーカル） うたうたいばかり	—
C	Another Day Freshers	サブボーカル②
D	—	—

TV PROGRAM CREDIT

特別協賛　**SoftBank**

協賛　**FuRyu**

協力　adidas　YVESSAINTLAURENT BEAUTÉ　允・セサミ イン　**DAM**　CJ FOODS

課題曲　「Let Me Fly ～その未来へ～」
作詞　Kanata Nakamura（中村彼方）、Gloryface（Full8loom）
作曲　Gloryface、Jinli、yuka、HARRY（Full8loom）
編曲　yuka、HARRY（Full8loom）

制作協力　MCIP ホールディングス　**IVSテレビ制作**　**VIVIA**　**CJ ENM**

制作　吉本興業

制作著作　LAPONE

PRESENT

ページ右下の応募券を付属のハガキに貼り付けてご応募いただくと、抽選で、練習生の生写真5枚セットや、オフィシャルグッズをプレゼントいたします。ぜひご応募ください。

Present 1

生写真5枚セットを3名様にプレゼント！
誌面に掲載している写真を5枚セットでプレゼントいたします。

※掲載している写真は見本です。変更することがございますのでご了承ください。

(1) 生写真5枚セット 3名様

Present 2

(2)Tシャツ コンセプトバトル ver.（オレンジ）5名様
サイズ：L

Present 3

(3)Tシャツ コンセプトバトル ver.（グリーン）5名様
サイズ：L

Present 4

(4)練習生日記 5名様

Present 5

(5)LET ME FLY チャーム付きボールペン 5名様

Present 6

(6)ロゴマスクセット 5名様

★応募方法

付属のハガキにページ右下の応募券を貼り付けていただき、プレゼント送付先ご住所、お名前、年齢、職業、アンケート欄にご記入の上、(1)〜(6)の希望プレゼント番号を明示し、63円切手を貼ってお送りください。※応募締め切りは2021年10月31日（当日消印有効）です。なお、プレゼントの当選は、発送をもってかえさせていただきます。

▶公式グッズの最新情報は公式ホームページをチェック！

応募券

PRODUCE 101 JAPAN SEASON 2 FAN BOOK PLUS

2021 年 8 月 12 日初版発行

出演　PRODUCE 101 JAPAN SEASON 2 練習生の皆さん

発行人　藤原寛
編集人　新井治

編集　河野利枝、金本麻友子
デザイン・DTP　大滝康義（株式会社ワルツ）
本文 DTP　近藤みどり、鈴木ゆか
写真　永留新矢、キム・ヒョンジュ（P91-93）
プロモーション　村上覚、重兼桃子、白欣翰
企画・進行・編集　太田青里

営業　島津友彦（株式会社ワニブックス）

主催　PRODUCE 101 JAPAN SEASON 2 運営事務局 (CJENM/ 吉本興業)

発行　ヨシモトブックス
　　　〒160-0022 東京都新宿区新宿 5 -18-21
　　　TEL 03-3209-8291
発売　株式会社ワニブックス
　　　〒150-8482 東京都渋谷区恵比寿 4-4-9 えびす大黒ビル
　　　TEL 03-5449-2711
印刷・製本　シナノ書籍印刷株式会社

JASRAC 出 2105702-101